高等学校系列教材

实验设计与数据处理简明教程

马龙友　编著

中国建筑工业出版社

图书在版编目（CIP）数据

实验设计与数据处理简明教程/马龙友编著. —北
京：中国建筑工业出版社，2022.4
高等学校系列教材
ISBN 978-7-112-27247-1

Ⅰ.①实…　Ⅱ.①马…　Ⅲ.①试验设计-高等学校-
教材②数据处理-高等学校-教材　Ⅳ.①O212.6
②TP274

中国版本图书馆 CIP 数据核字（2022）第 047638 号

本书介绍了科学地制定实验方案，以及科学地分析实验结果的方法。本书第
1 章实验设计，介绍了单因素实验设计、双因素实验设计和多因素正交实验设计。
第 2 章实验数据处理，介绍了实验数据的误差分析、实验数据的整理、实验数据
的方差分析、正交实验设计结果的方差分析、实验数据的回归分析和均匀实验设
计及其应用。

本书图文并茂，理论联系实际，重点突出，层次分明，便于阅读。

本书可作为理科、工科各专业本科生和研究生的教科书，也可作为工程技术
人员及科研人员参考书。

为便于教学，作者特制作了与教材配套的电子课件，如有需求，可发邮件
（标注书名、作者名）至 jckj@cabp.com.cn 索取，或到 http://edu.cabplink.
com//index 下载，电话：（010）58337285。

责任编辑：王美玲
责任校对：姜小莲

高等学校系列教材
实验设计与数据处理简明教程
马龙友　编著
*
中国建筑工业出版社出版、发行（北京海淀三里河路 9 号）
各地新华书店、建筑书店经销
霸州市顺浩图文科技发展有限公司制版
河北鹏润印刷有限公司印刷
*
开本：787 毫米×1092 毫米　1/16　印张：10½　字数：249 千字
2022 年 7 月第一版　2022 年 7 月第一次印刷
定价：**35.00** 元（赠教师课件）
ISBN 978-7-112-27247-1
（38799）

前　　言

一个科学、正确的实验设计与数据处理，可以最大限度地节约实验成本、缩短实验周期，同时又能迅速获得确切的科学结论。现在实验设计与数据处理越来越被工程技术人员、科研人员重视，并得到了广泛的应用。实验设计（experimental design）与数据处理（data processing）已是工程师共同语言的一部分。

实验设计是指导我们如何科学地制定出实验方案，有效地获得实验数据。数据处理是指导我们如何对实验数据进行综合分析，从实验数据中寻找到规律性的信息，获得确切的科学结论。实验设计与数据处理两者相结合，才能从实验中快速准确地得到结果。

本书结合实例介绍了当前常用的实验设计及实验数据处理方法，具有以下特点：（1）内容丰富全面，简明实用，深入浅出，便于自学；（2）重点突出，主次分明，内容具有先进性、科学性和严谨性；（3）注重理论联系实际，内容与实例相结合，引导学生将所学知识应用到科研、实践中去。

本书是学校给学生开设实验设计与数据处理课程的教材。本课程的开设，能使学生学到实验设计与数据处理的基本理论知识和应用方法，能提高学生的创新能力和实践能力。本教材可根据学生所学专业和课时数，有选择地进行教学。

如果一个工程师不具备实验设计与数据处理这方面知识，只能算半个工程师。这就是高等院校理科、工科各专业给学生开设实验设计与数据处理课程的目的、价值和意义。我们一定要重视实验设计与数据处理这门学科的学习，并将它应用到科学实践中去。

本书在编写过程中得到了王美玲编审的指导和帮助，并提出了不少宝贵意见，在此表示感谢。

本书由马龙友教授编著。书中不足之处，敬请读者指正。

作　者

2021 年 6 月于北京建筑大学

目　　录

第 1 章　实 验 设 计

1.1　实验设计的意义与发展概况

1. 实验设计的定义与意义

实验是一种发现规律，揭示事物本质的科学手段，经常需要通过实验来寻找所研究对象的变化规律，并通过对规律的研究达到各种实用的目的：（1）找出影响实验结果的主要实验因素及排出实验因素的主次顺序，确定出优实验方案；（2）提高产品的产量，提高产品的性能及质量，且达到高效、降低消耗、节省费用等效果；（3）建立所研究对象的理论基础和经验公式，来解决工、农业生产中的各种实际问题等。

在科学研究和工农业生产过程中，只有科学地设计实验方案，才能用较少的实验次数，在较短时间内达到预期的实验目标；反之，实验方案设计得不合理，往往会实验次数较多，也摸索不到其中的变化规律，得不到满意的结论。另外，随着实验进行，必然会得到以实验指标形式表示的一些实验结果，只有对实验结果进行科学地分析，才能获得研究对象的变化规律，达到指导科研和生产目的。因此，如何科学地设计实验方案，实验后又如何对实验结果进行综合的科学分析，以求用较少的实验次数达到我们预期的目的，是值得我们研究的重要问题。

实验设计（experimental design）是以科学理论（如数理统计分析）为基础，并结合专业知识和实践经验，科学地制定实验方案和科学地分析实验结果的一种科学实验方法。

实验设计现已成为制定实验方案和分析实验结果的必要手段。一个科学、正确的实验设计可以最大限度地节约实验成本、缩短实验周期，同时又能迅速获得确切的科学结论和优实验方案。由于实验设计方法为我们提供了科学安排实验和科学分析实验结果的方法，因此实验设计越来越被工程专业科技人员重视，并得到了广泛的应用。实践表明，实验设计与实际相结合，在科学研究、工农业生产的实际应用中，产生了巨大的经济效益和社会效益。

2. 实验设计的发展概况

20 世纪 20 年代，英国统计学者费歇尔（R. A. Fisher）发现在实验过程中，随机误差影响不可忽视。为了消除随机误差的影响，他总结出实验设计的三个基本原则：重复（replication）、随机化（randomization）和区组化（blocking），提出了方差分析法，创立了实验设计学科，并将其应用于农业、生物学、遗传学等方面，取得了巨大成功。

20 世纪 50 年代，以日本统计学家田口玄一博士（Dr. Genichi Taguchi）为首的一批研究人员，创造了用正交表安排分析实验的正交实验设计法，为实验设计的广泛应用作出了重大贡献。据估计自正交表开发以来，仅十年中，在日本应用正交表所做的实验设计，已超过一百万次，对于创造利润和提高生产率起到了巨大作用。1953 年美国数学家克弗尔（Kiefer）提出了单因素实验设计方法中非常重要的优先方法：黄金分割法（0.618 法）和菲波那契数列法（分数法）。

随着计算机技术的发展和进步，出现了各种针对实验设计和实验数据处理的软件，如 Excel，SPSS（statistical package for the social science），SAS（statistical analysis system）和 Matlab Origin 等软件，为实验设计与数据处理提供了方便、快捷的计算工具。

3. 我国科学家和工程技术人员在实验设计学科发展过程中的贡献

在实验设计学科的发展过程中，我国科学家和工程技术人员有重大的贡献。我国科技人员从 20 世纪 50 年代开始研究实验设计这门学科。20 世纪 60 年代末，在正交实验设计的观点、理论和方法上都有新的创见，编制了一套适用的正交表，创立了简单、方便的正交实验设计的直观分析法。同时，著名数学家华罗庚教授也在国内积极倡导和普及"优选法"，贡献是杰出的。随着实验设计方法的深入发展，我国数学家王元院士和方开泰研究员在 1978 年提出了均匀实验设计，该实验设计考虑如何将实验点均匀地散布在实验范围内，使得能用较少的实验点获得最多的信息。均匀实验设计得到国际统计界的极大关注，获得广泛应用。自 20 世纪 70 年代以来，我国许多科研和生产单位的工程技术人员应用实验设计，取得了非常可喜的成果，促进了科研和生产快速发展。

实验设计内容现已成为工程技术人员、科研人员，理工科本科生和研究生必备的基本理论知识。实验设计的内容是工程师共同语言的一部分，"如果一个工程师没有实验设计这方面知识的话，只能算半个工程师"。我们一定要重视开设实验设计这门学科，并将它应用到实验、实践中去。

在这一章中，我们研究的主要内容是单因素实验设计，双因素实验设计，以及多因素正交实验设计等内容。这些内容是学习本课程应了解的基本理论知识，并可以帮助设计实验方案和分析实验结果。我们的一些研究成果、创见和应用，也写进了本章内容。

1.2　实验设计中的常用术语

实验设计中常用到的基本概念和术语，其定义如下：

1. 实验指标（experimental index）

在一项实验中，根据实验目的而选定用来衡量实验效果的指标称为实验指标，有时简称指标，常用来表示实验结果，通常用 y 表示。

例如，天然水中存在大量胶体颗粒，使水浑浊，为了降低浑浊度需往水中投放混凝剂。当实验目的是为了降低水中浑浊度时，可用水样中剩余浊度作为实验指标。

实验指标有定量指标和定性指标两种，定量指标是直接用数量表示的指标，如回收率、产量、杂质量，强度等；定性指标是不能直接用数量表示的指标，如颜色、气味、口感等表示实验结果的指标，只能凭眼看、嗅觉、品尝等方法来评定，用等级评分等来表示。

2. 实验因素（experimental factor）

在一项实验中，对实验指标产生影响的条件称为实验因素，简称因素。

例如，在水中投入适量的混凝剂可降低水的浊度，这里投加的混凝剂就称为实验的因素。有一类因素，在实验中可以人为地加以调节和控制，如水质处理中的投药量，叫作可控因素。另一类因素，由于自然条件和设备等条件的限制，暂时还不能人为地调节，如水质处理中的气温，叫作不可控因素。在实验设计中，一般只考虑可控因素。

3. 实验水平（experimental level）

在一项实验中，实验因素的不同状态或内容称为因素的水平，简称水平。某个因素在实验中考察它的几种状态或几种不同的内容，就叫它是几水平的因素。

因素的水平有的能用数量来表示，有的不能用数量来表示，分为定量与定性两种。例如，处理某种酸性污水，投放碱变为中性水，投碱量就是实验因素碱的水平，可以用数量表示。又例如，有几种混凝剂可以降低水的浑浊度，现要研究哪种混凝剂较好，各种混凝剂就表示混凝剂这个因素的各个水平，不能用数量表示。凡是不能用数量表示水平的因素，叫作定性因素。在多因素实验中，经常会遇到定性因素。对定性因素，只要对每个水平规定具体含义，就可与通常的定量因素一样对待。

4. 交互作用（interaction）

在一项实验中，有时不仅考虑各个因素对实验指标单独起的作用，而且还考虑因素之间联合、搭配起来对实验指标起的作用，这后一种联合搭配作用叫作交互作用。

事实上，因素之间总是存在着或大或小的交互作用，它反映了因素之间互相促进或互相抑制的作用，这是客观存在的普遍现象。

当因素间的交互作用对实验指标产生的影响较小或不考虑时，有的实验设计省略了交互作用。

5. 实验方法（experimental method）

做某实验之前，应考虑出如何安排整个实验过程：设计出实验方案，并提出处理实验数据的办法，以此为基础分析出实验因素与实验指标间的客观规律。

安排做某实验整个过程的方法，称为实验方法。

例如，比较几种混凝剂对降低水的浑浊度的优劣。实验方法是先把实验划分为若干组水样，把几种混凝剂分别投入到各组水样中，再测出各组水样中剩余浊度，作为实验指标，就可比较出几种混凝剂对降低水的浑浊度的优劣。

6. 全面实验与实验设计（complete experiment and experimental design）

在一项实验中，为了获得全面的实验信息，应对所选取的实验因素的不同水平相互之间进行组合，对每一种组合逐一实施实验，称为全面实验。

全面实验的优点是能够获得全面的实验信息。但是，当实验因素和水平较多时，全面实验的实验次数会急剧增加，如取 3 个因素，每个因素取 3 水平时，全面实验要进行 $3^3 = 27$ 次；如取 5 个因素，每个因素取 4 个水平时，全面实验就要进行 $4^5 = 1024$ 次，这在实际实验中难以实现。因此，全面实验是有局限性的，它只适用于因素和水平数目均不太多的实验。

从全面实验中选取一部分具有代表性的实验进行实验，这就需要进行实验设计。

实验设计是从全面实验中科学地抽取部分实验，制订实验方案，并科学地分析实验结果的一种科学实验方法。

在科学实验中，实验设计一方面可以减少实验过程的盲目性，使实验过程按步骤有计划地进行安排；另一方面还可以用最少的实验来获得最多的实验信息，达到预期的实验目标。实验设计主要包括三个组成部分：

（1）确定（设计）实验方案。

（2）实施实验，搜集与整理实验数据。

（3）对实验数据进行直观分析或数理统计分析。

7. 实验设计的基本原则（basic principle of experimental design）

为了保证实验条件基本均匀一致，提高实验精度，减少实验误差，实验设计应遵循三个基本原则：重复、随机化和区组化。

（1）重复实验原则是指一个实验在相同条件下重复进行数次。经过重复操作有可能抵消随机因素对实验的影响，从而提高实验数据处理的质量，获得高精度的实验结论。

（2）随机化原则是指用随机抽样方法安排各实验点的实验顺序、实验材料的分配等。随机化原则可以保证每个实验条件的操作过程除了随机因素的干扰外，不会增加其他因素的影响，避免了系统误差对实验过程的影响。

（3）区组化原则亦称为局部控制原则。把一项实验的诸多实验点分为若干小组，使每组内的实验条件相同或近似相同，而组与组之间在实验条件上允许有较大差异，这样的小组称为区组。使用区组是为了排除和减少实验条件的差异对实验结果的影响，保证统计分析结果的正确性。

1.3　单因素实验设计

在安排实验时，只考虑一个对实验结果影响最大的因素，其他因素尽量保持不变，就是单因素实验。在应用时，只要主要因素抓得准，单因素的实验也能解决很多问题。当一个主要因素确定之后，我们的任务是如何安排实验点，减少实验次数，以求迅速地找到最优实验点，使实验结果（指标）达到要求，这就需要进行单因素实验设计。

单因素实验设计（single-factor experiment design），一般要考虑三方面的内容：

（1）确定实验范围

设实验因素取值范围的下限用 a 表示，上限用 b 表示，则实验范围可用由 a 到 b 的线段来表示。若 x 表示实验点，如果考虑端点 a 和 b，实验范围可记成 $[a, b]$ 或 $a \leqslant x \leqslant b$；如果不考虑端点 a 和 b，实验范围就记成 (a, b) 或 $a < x < b$。

（2）确定评价指标

评价指标就是评定实验效果的指标。如果能将实验结果 y 和因素取值 x 的关系可写成数学表达式：$y = f(x)$，就称 $f(x)$ 为指标函数（或称目标函数）。根据具体问题的要求，在因素的最优点上，指标函数 $f(x)$ 取最大值或最小值或满足某种规定的要求。对于不能写成指标函数甚至实验结果不能定量表示的定性指标，例如，比较水库中水的气味，就要确定评价实验结果好坏的标准。

（3）确定优选方法，科学地安排实验点

优选法（optimum seeking method）是根据生产和科研中不同的问题，利用数学原理，合理地安排实验点，用较少的实验次数，以求迅速地找到最优实验点的一种科学实验方法。优选法属于实验设计，它有多种安排实验点的方法，我们从中选取一种优选方法，科学地安排实验点。

本节主要介绍单因素实验设计中的几种优选方法，其内容包括：中点法、均分法、黄金分割法（0.618 法）、菲波那契数列法（分数法）和均分分批实验法。

1.3.1 中点法与均分法

1. 中点法

中点法的做法：每次做一个实验，实验点的位置都取在实验范围的中点（central point）。若实验范围为 $[a，b]$，计算中点 c 的公式为：

$$c=a+\frac{b-a}{2}=\frac{a+b}{2} \tag{1-1}$$

用这种优选方法，每次实验后可去掉实验范围的一半，直到取得满意的实验点为止。应用中点法是有条件的，它只适用于每做一次实验，根据实验结果就可确定下次实验的方向，即按已知评定标准，在实验范围中点的两侧，就可确定出在哪一侧剩余实验范围内继续做实验。

例 1-1 一个工厂处理某种酸性污水，投放碱变为中性水，使溶液的酸碱度 pH＝7～8，试确定合适投碱量。

解 溶液的酸碱度常用 pH 来表示。pH 的范围通常是在 0～14 之间，pH＜7 的溶液显酸性，pH＞8 的溶液显碱性，pH 值＝7～8 的溶液显中性。

取水样做实验。采用中点法，设投碱量范围为 $[a，b]$，第一次实验投碱量取在中点 $c_1=\frac{a+b}{2}$ 处。若投碱后水样的酸碱度 pH＜7，表示水样仍显酸性，说明第一次实验投碱量不够，则投碱量小于 c_1 点的范围可舍去；若投碱后水样的酸碱度 pH＞8，表示水样显碱性，说明第一次实验投碱量过大，则投碱量大于 c_1 点的范围可舍去。舍去一半实验范围后，而取实验范围的另一半的中点 c_2 做第二次实验。用这样的方法做下去就能找出合适的投碱量，使溶液显中性，酸碱度 pH＝7～8。

2. 均分法

均分法的做法：

（1）设实验范围为 $[a，b]$。如果要做 n 次实验，就把实验范围分成 $n+1$ 等份，中间有 n 个实验点，在各个分点上做实验，如图 1-1 所示。

图 1-1　均分法实验点位置图

各分点 x_i 的计算公式为：

$$x_i=a+\frac{b-a}{n+1}\times i, \qquad i=1,2,\cdots,n \tag{1-2}$$

（2）对 n 次实验结果进行比较，选出所需要的最好的结果，相对应的实验点，即为 n 次实验中的最优点。

均分法是一种传统的实验方法。优点是只需把实验点放在等分点上，实验可以同时安排，也可以一个接一个地安排；其缺点是实验次数较多，代价较大。

1.3.2 黄金分割法（0.618 法）

1. 单峰函数的定义与性质

单峰函数分为上单峰函数和下单峰函数。

（1）上单峰函数的定义

指标函数 $f(x)$ 在区间 $[a，b]$ 为上单峰函数，是指函数 $f(x)$ 在 $[a，b]$ 上只有一个最大点 x^*，在最大点 x^* 的左侧部分，函数图形严格上升；在最大点 x^* 的右侧部分，函数图形严格下降，如图 1-2 所示。

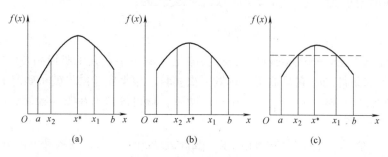

图 1-2　上单峰函数图形

（2）上单峰函数的性质

设 $[a，b]$ 是上单峰函数 $f(x)$ 最大点 x^* 的搜索区间，在 $[a，b]$ 上任取两点 x_1 和 x_2，且 $x_1 > x_2$。

1）若 $f(x_1) > f(x_2)$，留下包含好点 x_1 的区间 $[x_2，b]$，则 $[x_2，b]$ 是函数 $f(x)$ 最大点 x^* 的一个搜索区间，如图 1-2（a）所示。

2）若 $f(x_1) < f(x_2)$，留下包含好点 x_2 的区间 $[a，x_1]$，则 $[a，x_1]$ 是函数 $f(x)$ 最大点 x^* 的一个搜索区间，如图 1-2（b）所示。

3）若 $f(x_1) = f(x_2)$，留下中间的区间 $[x_2，x_1]$，则 $[x_2，x_1]$ 是函数 $f(x)$ 最大点 x^* 的一个搜索区间，如图 1-2（c）所示。

从上单峰函数的性质可以得出"留好去坏"的原则：留下包含好点的区间，去掉不包含好点的区间，函数 $f(x)$ 最大点 x^* 一定留在包含好点的区间内，从而可以缩小函数 $f(x)$ 最大点 x^* 的搜索区间。

同样也可给出下单峰函数的定义与性质。

2. 黄金分割法的基本步骤

通常把处在线段 0.618 位置上的那一点称为黄金分割点（gold cut point）。黄金分割点在建筑、医学、绘画、音乐、生活等领域都有奇妙的作用。现将黄金分割点应用到实验方法中。单因素实验设计的黄金分割法，第一个实验点就选在黄金分割点处，即选在实验范围的 0.618 位置处。黄金分割法又称 0.618 法。

在实验范围 $[a，b]$ 内，安排两个实验点时，应该使两个实验点 x_1 与 x_2 关于实验范围的中点是相互对称的，就是满足对称公式：

$$x_2 - a = b - x_1 \tag{1-3}$$

这是我们实验过程中，安排实验点应遵循的一个原则——对称原则，如图 1-3 所示。

图 1-3　在 $[a，b]$ 内实验点 x_1，x_2 位置图

在实验范围内，处在 0.618 处的点和 0.382 处的点就是对称点。

黄金分割法适用于指标函数为单峰函数的情形。其基本步骤如下：

（1）在实验范围内，安排两个实验点

设实验范围为 $[a，b]$，第一个实验点 x_1 选在黄金分割点处，即实验范围的 0.618 位置处，其计算公式为：

$$x_1 = a + 0.618(b-a) \tag{1-4}$$

第二个实验点选在第一点 x_1 的对称点 x_2 处，应用对称公式（1-3）和公式（1-4），可得到下式：

$$x_2 = a + (b - x_1) = a + 0.382(b-a)$$

故得到计算第二个实验点位置的公式为：

$$x_2 = a + 0.382(b-a) \tag{1-5}$$

从公式（1-5）可知，实验点 x_2 处在实验范围的 0.382 处。实验点 x_1，x_2 在实验范围 $[a，b]$ 内所处位置，如图 1-3 所示。

为了使用上的方便，并且容易记住，公式（1-4）称为 0.618 公式，公式（1-5）称为 0.382 公式。

（2）在两实验点上，安排两次实验，并确定留下的实验范围。

看图 1-3，在实验点 x_1，x_2 处，安排第一次与第二次实验。设 $f(x)$ 为上单峰函数，$f(x_1)$ 和 $f(x_2)$ 分别表示 x_1 与 x_2 两点的实验结果，且 $f(x)$ 值越大，效果越好。下面分三种情况进行分析：

1）如果 $f(x_1)$ 比 $f(x_2)$ 好，实验点 x_1 是好点，根据"留好去坏"的原则，去掉不包含好点 x_1 的实验范围 $[a，x_2)$ 部分，在留下的范围 $[x_2，b]$ 内继续做实验。

2）如果 $f(x_1)$ 比 $f(x_2)$ 差，实验点 x_2 是好点，同样根据"留好去坏"的原则，去掉不包含好点 x_2 的实验范围 $(x_1，b]$ 部分，在留下的范围 $[a，x_1]$ 内继续做实验。

3）如果实验结果 $f(x_1)$ 和 $f(x_2)$ 一样，去掉两端部分，在留下的范围 $[x_2，x_1]$ 内继续做实验。

根据上单峰函数性质，上述三种情况的任一做法，都不会发生最优点丢掉的情况。

（3）在留下的实验范围内，安排新的实验点和实验，继续将实验做下去。

图 1-4 在 $[x_2，b]$ 内实验点 x_1，x_3 位置图

在第一种情况下，看图 1-4，做下面工作：在留下的实验范围 $[x_2，b]$ 内，实验点 x_1 处在留下实验范围 $[x_2，b]$ 的 0.382 位置处，求出实验点 x_1 的对称点 x_3 的位置，实验点 x_3 处在留下实验范围 $[x_2，b]$ 的 0.618 处，可用 0.618 公式计算出新的实验点 x_3，即：

$$x_3 = x_2 + 0.618(b - x_2)$$

在实验点 x_3 安排一次新的实验。

在第二种情况下，看图 1-5，做下面工作：在留下的实验范围 $[a，x_1]$ 内，实验点 x_2 处在留下实验范围 $[a，x_1]$ 的 0.618 位置处，求出实验点 x_2 的对称点 x_3 的位置，实验

点 x_3 处在留下实验范围 $[a, x_1]$ 的 0.382 处，可用 0.382 公式计算出新的实验点 x_3，即：

$$x_3 = a + 0.382(x_1 - a)$$

在实验点 x_3 安排一次新的实验。

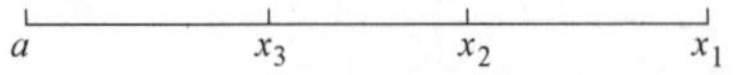

图 1-5　在 $[a, x_1]$ 内实验点 x_2，x_3 位置图 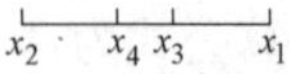　　　图 1-6　在 $[x_2, x_1]$ 内实验点 x_3，x_4 位置图

在第三种情况下，看图 1-6，做下面工作：在留下的实验范围 $[x_2, x_1]$ 内，求出处在 0.618 位置处的实验点 x_3，及处在 0.382 位置处的实验点 x_4，可用 0.618 公式和 0.382 公式，计算出两个新的实验点 x_3 和 x_4，即

$$x_3 = x_2 + 0.618(x_1 - x_2)$$
$$x_4 = x_2 + 0.382(x_1 - x_2)$$

在实验点 x_3，x_4 安排两次新的实验。

无论上述三种情况出现哪一种，在留下的实验范围内，都可找到两个实验点，两个实验点分别处在留下的实验范围 0.618 位置处和 0.382 位置处，都有两次实验的结果可以进行比较。仍然按照"留好去坏"原则，再去掉实验范围的一段或两段，在留下的实验范围中再找出新的实验点，继续将实验做下去。

这个过程重复进行，直到找出满意的实验点，得到认可的实验结果为止；或者留下的实验范围已很小，再做下去，实验结果差别不大，就可停止实验。

为了快捷、准确地计算出实验点的位置，注意应用下面的小结：

用 0.618 公式算出的 x_1 点是右点，用 0.382 公式算出的 x_2 点是左点，如图 1-3 所示。如果右点 x_1 是好点，在去掉一段之后，在留下实验范围 $[x_2, b]$ 内，如图 1-4 所示，好点 x_1 变成了左点，要补的新实验点 x_3 仍是右点，用 0.618 公式，即：$x_3 = x_2 + 0.618 (b - x_2)$。反之，如图 1-3 所示，如果左点 x_2 是好点，在去掉一段之后，在留下实验范围 $[a, x_1]$ 内，如图 1-5 所示，好点 x_2 变成了右点，要补的新实验点 x_3 仍是左点，用 0.382 公式，即：$x_3 = a + 0.382 (x_1 - a)$。优选过程可重复进行。

例 1-2　在一项实验中，需要加入一种药剂，已知其最优加入量在 1000g 到 2000g 之间的某一点，用黄金分割法来安排实验点，试写出实验过程。

解　(1) 实验范围为 $[1000, 2000]$，将处在 0.618 位置的右点处，做第一次实验，右点的加入量 x_1 可由 0.618 公式计算出：

$$x_1 = 1000 + 0.618(2000 - 1000) = 1618g$$

在这一点的对称点，将处在 0.382 位置的左点处，做第二次实验，左点的加入量 x_2 可由 0.382 公式计算出：

$$x_2 = 1000 + 0.382(2000 - 1000) = 1382g$$

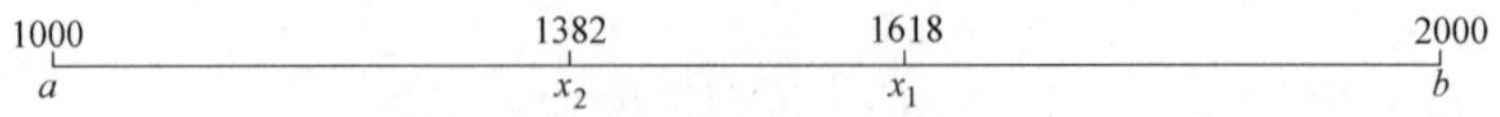

图 1-7　在 $[1000, 2000]$ 内实验点 x_1，x_2 位置图

实验点 x_1，x_2 位置图，如图 1-7 所示。比较 x_1 点与 x_2 点上的两次实验结果，右点 x_1 是好点。根据"留好去坏"原则，去掉 1382g 以下的实验范围。

```
1382          1618      1764        2000
 x₂            x₁        x₃          b
```

图 1-8 在 [1382, 2000] 内实验点 x_1，x_3 位置图

（2）看图 1-8，在留下部分 [1382, 2000]，x_1 点变成了左点，它处在 0.382 位置处，要补的新实验点是右点，是其对称点，它处在 0.618 位置处，这一点加入量 x_3 可由 0.618 公式计算出：

$$x_3 = 1382 + 0.618(2000 - 1382) = 1764\text{g}$$

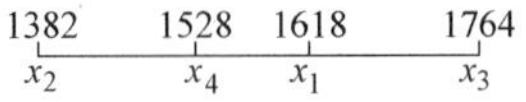

```
1382      1528  1618    1764
 x₂        x₄    x₁      x₃
```

图 1-9 在 [1382, 1764] 内实验点 x_1，x_4 位置图

在 x_3 点做第三次实验。比较 x_1 点与 x_3 点上的两次实验结果，左点 x_1 是好点。根据"留好去坏"原则，看图 1-8，去掉 1764g 以上的实验范围。

（3）看图 1-9，在留下部分 [1382, 1764]，x_1 点变成了右点，它处在 0.618 位置处，要补的新实验点是左点 x_4，是其对称点，它处在 0.382 位置处，这一点的加入量可由 0.382 公式计算出来：

$$x_4 = 1382 + 0.382(1764 - 1382) = 1528\text{g}$$

在 x_4 点做第四次实验。比较 x_1 点与 x_4 点上的两次实验结果，左点 x_4 是好点。根据"留好去坏"原则，则去掉 1618g 到 1764g 之间的实验范围。

（4）在留下部分 [1382, 1618]，按同样方法继续做下去。如此重复直至找到满意的实验点为止。

总之，黄金分割法简便易行，对每个实验范围都安排两个实验点，比较两点上的两次实验结果，好点留下，从坏点处把实验范围切开，丢掉短而不包含好点的一段，实验范围就缩小了。在黄金分割法中，实验过程不论到哪一步，相互比较的两个实验点都在所留下实验范围的黄金分割点和它的对称点处，即 0.618 处和 0.382 处。利用 0.618 公式或 0.382 公式计算出新的实验点。

注释：黄金分割的定义是：将一线段分割为两部分，使得整个线段长与分割以后的长的一段的比，等于长的一段与短的一段的比。设线段长为 L，分割后长段为 x，短段为 $L-x$，那么按上面黄金分割定义，就应有下列关系式：

$$\frac{L}{x} = \frac{x}{L-x}$$

可得
$$x^2 = L^2 - Lx$$

又得
$$\left(x + \frac{L}{2}\right)^2 = \frac{5}{4}L^2$$

解方程，求得正根： $x = \dfrac{\sqrt{5}-1}{2}L = (0.618033988\cdots) \times L$

从上式看到：长段 x 处在线段 L 的 0.618 位置处，此位置就是黄金分割点，它也是黄金分割法安排第一个实验点的位置。

我国在公元前 500 多年就发现了黄金分割点。今天把它用在实验设计方法上，产生了单因素实验设计的黄金分割法（0.618法）。中华民族是伟大的民族，是有智慧的民族。

1.3.3 菲波那契数列法（分数法）

1. 菲波那契数列定义

菲波那契（Fibonacci）数列是满足下列关系的数列：

$$F_0 = 1, F_1 = 1, \text{而当 } n \geqslant 2 \text{ 时，有 } F_n = F_{n-1} + F_{n-2} \tag{1-6}$$

菲波那契数列具体写出来就是：

$$F_0 = 1, \quad F_1 = 1, \quad F_2 = 2, \quad F_3 = 3, \quad F_4 = 5, \quad F_5 = 8,$$
$$F_6 = 13, \quad F_7 = 21, \quad F_8 = 34, \quad F_9 = 55, \quad F_{10} = 89, \quad F_{11} = 144, \cdots\cdots$$

根据式（1-6），可以看到该数列的特点：数列从第 3 个数 F_2 起，每一个数都是它前面两个数之和。菲波那契数列中的每一个数称为菲波那契数。

菲波那契数列法就是利用菲波那契数来安排实验点的一种单因素实验设计方法。

菲波那契数列法同样适用于指标函数为单峰函数的情形，它和黄金分割法不同之处在于要求预先给出实验总次数。当实验点只能取整数时，或由于某些原因，实验范围由一些不连续的、间隔不等的点组成或实验点只能取某些特定值时，就应利用菲波那契数列法安排实验点。

设指标函数 $f(x)$ 是单峰函数，下面分两种类型研究如何利用菲波那契数列法来安排实验点。

2. 菲波那契数列法的第一种类型

所有可能的实验总次数为 m 次，正好是菲波那契数列中的某一数 F_n 减 1，即：

$$m = F_n - 1$$

称为菲波那契数列法的第一种类型。其基本步骤如下：

（1）在实验范围内，安排两个实验点和两次实验，并确定留下的实验范围。

如图 1-10 所示，将实验范围 $[a, b]$ 分成 F_n 份，使中间实验点的个数为 $F_n - 1$，恰为所有可能的实验总次数 m 次。再安排两个端点，使得中间实验点与端点之和为 $F_n + 1$ 个点。a 点和 b 点为端点。在单峰函数情况下，认为两个端点是坏点，不做实验，称为虚设点。a 点为起点，编号设为 0；b 点为终点，编号设为 F_n。

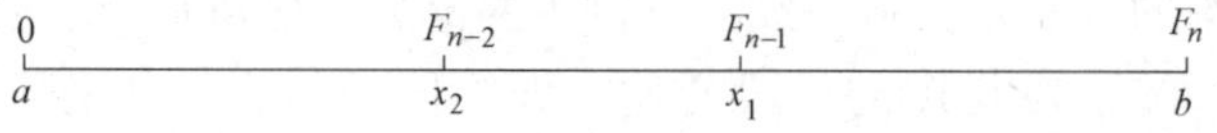

图 1-10 在 $[a, b]$ 内用菲波那契数列法安排实验点位置图

第一次实验①安排在 F_{n-1} 点上做，得到右实验点 x_1；第二次实验②安排在对称位置 F_{n-2} 点上做，得到左实验点 x_2。比较第一次与第二次实验的结果，如果是右实验点 x_1 点好，留下包含好点 x_1 的实验范围 $[x_2, b]$，去掉 x_2 点以下的实验范围 $[a, x_2)$。

现在是左实验点 x_2 好，去掉 x_1 点以上的实验范围 $(x_1, b]$，留下的实验范围是 $[a, x_1]$。

（2）在留下的实验范围内，安排一个新的实验点和一次新的实验，并确定新留下的实验范围。

如图 1-11 所示，在留下的实验范围 $[a, x_1]$，对实验点重新编号，此时中间实验点个数为 $F_{n-1} - 1$ 个，左端点 a 仍为起点，编号为 0，右端点 x_1 为终点，编号为 F_{n-1}，在

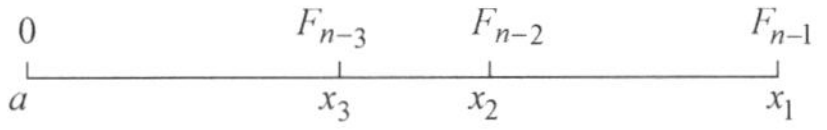

$$\begin{array}{c|ccc}
0 & F_{n-3} & F_{n-2} & F_{n-1} \\
\hline
a & x_3 & x_2 & x_1
\end{array}$$

图 1-11　在 $[a, x_1]$ 内重新编号后实验点位置图

F_{n-1} 点处；再找两个实验点，其中一个实验点是刚留下的好点 x_2，该点变为留下实验范围内的右实验点，编号为 F_{n-2}，在 F_{n-2} 点处；另一个新实验点是其对称点 x_3，是左实验点，编号为 F_{n-3}，在 F_{n-3} 点处。在 x_3 点上做第三次实验③。比较第 2 次与第 3 次实验结果，比较后，和前面的做法一样，留下包含好点的实验范围，去掉不包含好点实验范围，这时在留下的实验范围内，就只有 $F_{n-2}-1$ 个中间实验点了。

以后的实验，照上面的步骤重复进行，实验范围不断缩小，直到在实验范围内找到最后一个应该做的实验点。

请读者分析这种情况：如图 1-10 所示，比较第一次与第二次实验结果后，现在是右实验点 x_1 好，去掉 x_2 点以下的实验范围 $[a, x_2)$。在留下的实验范围 $[x_2, b]$ 内，还剩下 $F_{n-1}-1$ 个中间实验点（不包括两个端点）。对留下的实验点重新编号后，留下的好点 x_1 是什么编号？处在何位置？要做的第三次实验③，对应的实验点 x_3 是什么编号？应安排在什么位置？

上面请读者分析的情况，解答如下：

如图 1-12 所示，在留下的实验范围 $[x_2, b]$，对实验点重新编号，此时中间实验点个数为 $F_{n-1}-1$ 个，左端点 x_2 为始点，编号应改为 0；右端点 b 为终点，编号应改为 F_{n-1}；刚留下好点 x_1 变为留下实验范围内的左实验点，编号应改为 F_{n-3}，在 F_{n-3} 点处；要做的第三次实验③，对应的新实验点 x_3 应安排其对称位置，是右实验点，其编号为 F_{n-2}，在 F_{n-2} 点处。重新编号后，实验点所处位置如图 1-12 所示。

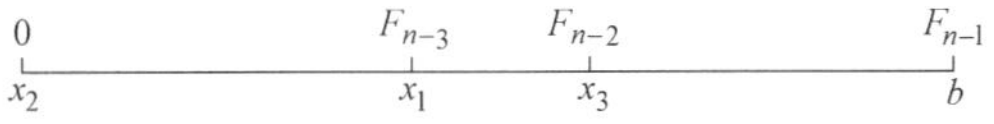

$$\begin{array}{c|ccc}
0 & F_{n-3} & F_{n-2} & F_{n-1} \\
\hline
x_2 & x_1 & x_3 & b
\end{array}$$

图 1-12　在 $[x_2, b]$ 内重新编号后实验点位置图

当实验总次数 m 较小时，在留下的实验范围内，找留下好点的对称点位置，可以不必对留下的实验点重新编号，直接利用实验点所处位置示意图，从图上很方便就可找到对称点位置，非常简便，具体方法见下面例题。

菲波那契数列法的第一次实验安排在 F_{n-1} 点处，就是安排在实验范围的 $\dfrac{F_{n-1}}{F_n}$ 位置上，近似在实验范围的 0.618 处；第二次实验安排在 F_{n-2} 点处，就是安排在实验范围的 $\dfrac{F_{n-2}}{F_n}$ 位置上，近似在实验范围的 0.382 处，故用分数 $\dfrac{F_{n-1}}{F_n}$ 和 $\dfrac{F_{n-2}}{F_n}$ 来安排实验点的位置也是可以的，因此该实验方法也称为分数法。该方法安排实验点位置与黄金分割法安排实验点位置基本上一致，所以以黄金分割法与菲波那契数列法实质上是同一种单因素实验方法。

例 1-3　某一项科学实验，确定其某种药品最优投配率，实验范围为 5%～16%，以变化 1% 为一个实验点，试用菲波那契数列法来安排实验点，写出实验过程。

解　已知投配率的实验范围，定为 5%～16%，以变化 1% 为一个实验点，则所有可

能的实验点总数为 $m=12$，可找到菲波那契数列中的数 $F_6=13$，符合 $m=12=F_6-1$，故属于菲波那契数列法的第一种类型。中间实验点为 12 个，投配率依次为：5%，6%，……，16%；再安排两个端点（虚设点），分别设为 0 点和第 13 点，投配率设为 0；各实验点的投配率如图 1-13 所示。

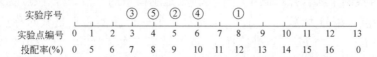

图 1-13　优选污泥投配率安排各次实验所处位置图

实验过程见第（1）～（4）步：

（1）看图 1-13，在实验点范围 0～13 内，第 1 次实验①安排在 $F_5=8$ 点上做，就是在第 8 实验点上做，投配率为 12%；第 2 次实验②安排对称位置在 $F_4=5$ 点上做，就是在第 5 实验点上做，投配率为 9%。

实验后，根据给定的评价指标，比较第 1 次与第 2 次实验结果，②比①好，则根据"留好去坏"的原则，去掉第 8 实验点以上的实验范围。

（2）看图 1-13，在留下的实验点范围 0～8 内，安排两次实验。一次实验已做过，是刚留下的好点，即第 5 实验点，另一次实验安排在第 5 实验点的对称点，是第 3 实验点，做第 3 次实验③，投配率为 7%。实验后，比较第 2 次与第 3 次实验结果，②比③好，根据"留好去坏"的原则，去掉第 3 实验点以下的实验范围。

（3）看图 1-13，在留下的实验点范围 3～8 内，照上面的步骤重复进行。确定两个实验点，一个是第 5 实验点，是刚留下的好点，另一个是对称点，即第 6 实验点，安排第 4 次实验④，投配率为 10%。比较第 2 次与第 4 次实验结果，②比④好，根据"留好去坏"的原则，去掉第 6 实验点以上的实验范围。

（4）看图 1-13，在留下的实验点范围 3～6 内，确定两个实验点，一个是刚留下好点，是第 5 实验点，另一个是对称点，即第 4 实验点，安排第 5 次实验⑤，投配率为 8%，比较第 2 次与第 5 次实验结果，⑤比②好，因此最优实验点为第 4 实验点，投配率为 8%，全部实验结束。

经过 5 次实验，优选出最优实验点为第 4 实验点，其最优投配率为 8%。若对中间 12个实验点，做等可能实验，需要进行 12 次实验，才能得出最优投配率，然而应用菲波那契数列法进行优选实验，只做 5 次实验，就能找出最优实验点，节省了实验次数。

容易看出，用菲波那契数列法安排实验，在 F_n-1 个可能实验中，最多只需做 $n-1$次实验，就能找到它们中最优的点。反过来，比如我们最多只能做 $n-1$ 次实验，应找到菲波那契数列中的一个数 F_n，将实验范围分成 F_n 份，使中间有 F_n-1 个实验点（不包括两个端点，即虚设点），然后按照菲波那契数列法安排实验点，做 $n-1$ 次实验，这样找到的最优实验点的精确度最高。

3. 菲波那契数列法的第二种类型

所有可能的实验总次数为 m 次，不符合第一种类型，而 m 次恰在 $F_{n-1}-1$ 与 F_n-1两数值之间，即：

$$F_{n-1}-1 < m < F_n-1$$

称为菲波那契数列法的第二种类型。

在此条件下，可在已给实验点的两端各虚设几个实验点，人为地使实验点的总次数变成 F_n-1，使其符合第一种类型，然后安排实验。当实验被安排在增加的虚设点上时，不要真正做实验，而应直接判定虚设点的实验结果比其他实验点效果都差，实验继续做下去。很明显，这种虚设点，并不增加实际实验次数。详细做法见下面例题。

例 1-4 某个实验，应用菲波那契数列法，从 5 种投药量（mg/L）：0.5，1.0，1.3，2.0，3.0 中，选一个最优的投药量，问怎样安排实验，才能尽快地找到最优投药量。

解 由已知条件可知，可能的实验总次数 $m=5$，在菲波那契数列中选择 F_n 与 F_{n-1}，应满足如下不等式：

$$F_{n-1}-1 < m < F_n-1$$

可选择 $n=5$，有 $F_5-1=8-1=7$，$F_4-1=5-1=4$，满足上面不等式，即有：

$$F_4-1 < m=5 < F_5-1$$

故属于菲波那契数列法的第二种类型。

选取菲波那契数列中 $F_5=8$。在已给实验点的两端各虚设两个实验点，即 0 点，1 点和 7 点，8 点。两端点为 0 点和 8 点，中间实验点为 1～7。这样做的目的，使中间实验点的个数变为 7 个，正好等于 F_5-1，符合第一种类型。4 个虚设点处的投药量设为 0；实验点 2～6 的投药量（mg/L）分别为：0.5，1.0，1.3，2.0，3.0；各实验点的投药量如图 1-14 所示。

图 1-14　优选投药量安排各次实验所处位置图

实验过程见（1）～（3）步骤：

（1）看图 1-14，在实验点范围 0～8 内，第 1 次实验①安排在 $F_4=5$ 点上做，就是在第 5 实验点上做，投药量为 2.0mg/L；第 2 次实验②安排在对称位置 $F_3=3$ 点上做，就是在第 3 实验点上做，投药量为 1.0mg/L。比较第 1 次与第 2 次实验结果，①比②好，根据"留好去坏"的原则，去掉第 3 实验点以下的实验范围。

（2）看图 1-14，在留下的实验点范围 3～8 内，安排两次实验，一次实验已做过，是刚留下来的好点，即第 5 实验点；另一次实验安排在第 5 实验点的对称点，即第 6 实验点，做第 3 次实验③，投药量为 3.0mg/L。比较第 1 次与第 3 次实验结果，③比①好，根据"留好去坏"的原则，去掉第 5 实验点以下的实验范围。

（3）看图 1-14，在留下的实验点范围 5～8 内，安排两次实验，一次实验已做过，是刚留下来的好点，即第 6 实验点；另一次实验安排在第 6 实验点的对称点，即第 7 实验点，应做第 4 次实验④，此点为虚设点，投药量为 0，不做实验，是差点，因此最优的实验点为第 6 实验点，投药量为 3.0mg/L，全部实验结束。

黄金分割点在公元前 6 世纪发现，菲波那契数列在公元 13 世纪初发现。到 20 世纪 50 年代，赋予黄金分割点、菲波那契数列新的内容，成为单因素实验设计方法，在科学实验和生产实践中发挥了很好作用。古老的数学焕发了青春，"知识就是力量"是永恒的真理。

1.3.4 均分分批实验法

前面讲过的中点法、黄金分割法、菲波那契数列法有一个共同特点，就是根据前面实验的结果安排后面的实验。这样安排实验的方法叫序贯实验法。它的优点是总的实验次数较少，缺点是实验周期累加，可能要用很长时间。

与序贯实验法相反，我们可采用分批实验法，一批同时安排几个实验。这样可以兼顾实验设备、代价和时间上要求。

下面介绍一种比较简单的分批实验法，即均分分批实验法，它是将每批实验点均匀地安排在实验范围内的实验方法。

例如，每批做 4 个实验。第一批 4 个实验点把实验范围 $[a, b]$ 均分为 5 等份，在其分点 x_1，x_2，x_3，x_4 处做 4 个实验。将 4 个实验结果进行比较，如果点 x_2 好，留下好点及与好点相邻的左右两部分，留下的实验范围为 $[x_1, x_3]$，如图 1-15 所示。

图 1-15　均分分批实验法实验点位置图

将留下的部分 $[x_1, x_3]$ 再放上第二批 4 个实验点，与刚留下的好点 x_2 一起，把留下的部分均分为 6 等份，如图 1-15 所示。在未做过实验的 4 个分点上再做第二批实验，与点 x_2 的实验结果一起，对 5 个实验结果进行比较，留下好点及与好点相邻的左右两部分。以后各批实验，都是第二批的重复，这样一直做下去，实验范围逐步缩小，就可以找到满意的实验点。

对于每批要做 4 个实验的情况，用均分分批实验法，第一批实验后实验点范围缩小为 $\frac{2}{5}$，以后每批实验后都能缩小为前次留下的 $\frac{1}{3}$，观察图 1-15 所示，可以很容易推导出这个结论的正确性。

请读者研究这种情况：如果每批做 6 个实验，采用均分分批实验法，如何安排各批实验点。

1.4　双因素实验设计

在实验中，考察两个因素对实验结果的影响，称为双因素实验。本节介绍双因素实验设计（two-factor experiment design）中的几种优选方法，其内容包括：纵横中线法、好点推进法和平行线法。

1.4.1　纵横中线法

设双因素 x 与 y 的实验范围为长方形：

$$a \leqslant x \leqslant b, \quad c \leqslant y \leqslant d$$

先固定因素 x 在中点 $x = \frac{a+b}{2}$ 处。在中线 $x = \frac{a+b}{2}$ 上，用单因素方法对因素 y 进行优选，找到最优点为 A 点：

$$A_1 = \left(\frac{a+b}{2}, y_1 \right)$$

再固定因素 y 在中点 $y=\dfrac{c+d}{2}$ 处。在中线 $y=\dfrac{c+d}{2}$ 上，用单因素方法对因素 x 进行优选，找到最优点为 B_1 点：

$$B_1=\left(x_1,\dfrac{c+d}{2}\right)$$

比较 A_1 与 B_1 两点上的实验结果。若 B_1 比 A_1 好，则去掉原长方形左边一半，即去掉 $x<\dfrac{a+b}{2}$ 部分；若 A_1 比 B_1 好，则去掉原长方形下边一半，即去掉 $y<\dfrac{c+d}{2}$ 部分。上面优选过程，如图 1-16（a）所示。

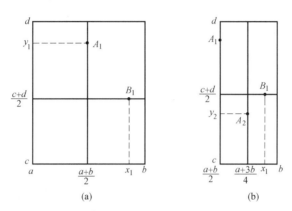

图 1-16 纵横中线法图示

通过比较，现在是 B_1 比 A_1 好，应去掉原长方形左边一半，留下的一半实验范围为：

$$\dfrac{a+b}{2}\leqslant x\leqslant b,\qquad c\leqslant y\leqslant d$$

如图 1-16（b）所示。

在留下的实验范围内，继续用同样方法做下去。固定因素 x 在留下实验范围的中点处，即：

$$x=\left(\dfrac{a+b}{2}+b\right)/2=\dfrac{a+3b}{4}$$

在中线 $x=\dfrac{a+3b}{4}$ 上，用单因素方法对因素 y 进行优选，找到最优点为 A_2 点：

$$A_2=\left(\dfrac{a+3b}{4},y_2\right)$$

然后比较 A_2 与 B_1 两点上的实验结果，现在是 A_2 比 B_1 好，则去掉上边一半，即去掉 $y>\dfrac{c+d}{2}$ 部分，如图 1-16（b）所示，然后在留下的部分中继续优选，如此循环，这个过程一直继续下去，实验范围就不断缩小，直到实验结果满意为止。

需要指出的是，在图 1-16（a）中，如果 A_1 与 B_1 两点上的实验结果一样（或无法辨认好坏），可以将图 1-16（a）中下半块和左半块都去掉，留下实验范围为原来实验范围的 $\dfrac{1}{4}$，即 $\dfrac{a+b}{2}\leqslant x\leqslant b$，$\dfrac{c+d}{2}\leqslant y\leqslant d$，继续用同样方法做下去。

在这个方法中，每一次单因素优选时，都是在长方形的纵或横中线（即对折线）上进行，故称为"纵横中线法"，或称为"纵横对折法"。

1.4.2 好点推进法

设双因素 x 与 y 的实验范围为长方形：
$$a \leqslant x \leqslant b, \qquad c \leqslant y \leqslant d$$

先将因素 x 固定在 x_1 处 [例如取 $x_1 = a + 0.618(b-a)$]。在直线 $x = x_1$ 上，用单因素方法对因素 y 进行优选，找到最好点为 A_1 点：
$$A_1 = (x_1, y_1)$$
然后将因素 y 固定在 y_1 处。在直线 $y = y_1$ 上，用单因素方法对因素 x 进行优选，又找到一个最好点为 A_2 点：
$$A_2 = (x_2, y_1)$$

上面优选过程，如图 1-17（a）所示。

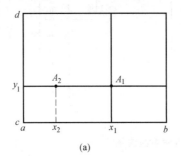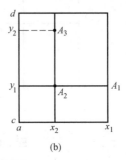

(a)　　　　　　　　　　(b)

图 1-17　好点推进法图示

在图 1-17（a）上，沿直线 $x = x_1$ 将实验范围分成两部分，丢掉不包含 A_2 点的那一部分，留下的实验范围为：
$$a \leqslant x \leqslant x_1, \qquad c \leqslant y \leqslant d$$
如图 1-17（b）所示。

在留下的实验范围内，将 x 固定 x_2 处。在直线 $x = x_2$ 上，对因素 y 进行优选，又得一个最好点为 A_3 点：
$$A_3 = (x_2, y_2)$$

在图 1-17（b）上，沿直线 $y = y_1$ 将实验范围分成两部分，丢掉不包含 A_3 点的那一部分，而在包含 A_3 点的那一部分中继续优选，……。这个过程不断进行，实验范围就不断缩小，直到实验结果满意为止。

在这个方法中，后一次优选是在前一次优选得到最好点的基础上进行，故称为"好点推进法"，或称为"从好点出发法"。在这个方法中，一般是将重要因素放在前面，往往能较快得到满意的结果。

1.4.3 平行线法

在实际问题中，经常会遇到两个因素中，有一个因素不容易调整，而另一个因素比较容易调整。比如一个是浓度，一个是流速，调整浓度就比调整流速困难。在这种情况下，则可采用"平行线法"安排实验。

设双因素 x 与 y 的实验范围为长方形：

$$a \leqslant x \leqslant b, \qquad c \leqslant y \leqslant d$$

又设 y 为较难调整的因素，首先将 y 固定在它的实验范围的 0.618 处，即取：

$$y_1 = c + 0.618(d - c)$$

在直线 $y = y_1$ 上，对因素 x 进行单因素优选，取得最优点 $A_1 = (x_1, y_1)$。再把 y 固定在 0.618 的对称点 0.382 处，即取：

$$y_2 = c + 0.382(d - c)$$

在直线 $y = y_2$ 上，对因素 x 进行单因素优选，取得最优点 $A_2 = (x_2, y_2)$。比较 A_1 与 A_2 两点上的实验结果。若 A_1 比 A_2 好，则去掉下面部分，即去掉 $y < c + 0.382(d - c)$ 的部分；若 A_2 比 A_1 好，则去掉上面部分，即去掉 $y > c + 0.618(d - c)$ 的部分。上面优选过程，如图 1-18（a）所示。

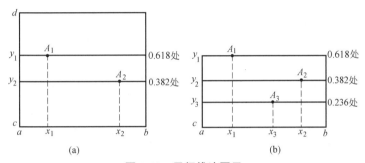

图 1-18　平行线法图示

通过比较，现在是 A_2 比 A_1 好，应去掉原长方形的上面部分，留下的实验范围为：

$$a \leqslant x \leqslant b, \qquad c \leqslant y \leqslant c + 0.618(d - c)$$

再用同样的方法处理留下的实验范围，把 y 固定在 y_2 的对称点 y_3 处，如图 1-18（b）所示，应用黄金分割法中的对称公式（1-3），可得：

$$y_3 = c + (y_1 - y_2) = c + 0.236(d - c)$$

在直线 $y = y_3$ 上，对因素 x 进行单因素优选，取得最优点 $A_3 = (x_3, y_3)$，如图 1-18（b）所示。如此继续，则实验范围不断缩小，直到实验结果满意为止。

此方法始终是在一系列相互平行的直线上进行，故称平行线法。注意，根据实际情况，因素 y 的取点也可以固定在实验范围其他合适的地方。

1.5　多因素正交实验设计

在科学实验中往往需要考虑多个因素，而每个因素又要考虑多个水平，这样的实验问题称为多因素实验。多因素实验，如果对每个因素的每个水平都相互搭配进行全面实验，实验次数就相当多。如某个实验考察 5 个因素，每个因素 4 个水平，全面实验次数为 $4^5 = 1024$ 次实验。要做这么多实验，既费时又费力，而有时甚至是不可能的。由此可见，多因素的实验存在两个突出的问题：

（1）全面实验的次数与实际可行的实验次数之间存在的问题；

（2）实际所做的少数实验与全面掌握内在规律的要求之间存在的问题。

为解决第一个问题，就需要我们对实验进行合理的安排，做几个具有"代表性"的实验；为解决第二个问题，需要我们对所做的几个实验的实验结果进行科学的分析。

如何合理地安排多因素实验？又如何对多因素实验结果进行科学的分析？正交实验设计就是处理多因素实验的一种科学方法，它能帮助我们在实验前借助于事先已制好的正交表科学地设计实验方案，从而挑选出少量具有代表性的实验来做；实验后经过简单的表格运算，可分析出因素主次顺序和好的工艺条件或配方。因此，正交实验设计在各个领域得到了广泛应用。

1.5.1 单指标正交实验设计及结果的直观分析

正交实验设计（orthogonal experiment design）是利用正交表来安排多因素实验，并进行实验结果分析的一种科学实验设计方法。它是常用的实验设计方法之一。

1. 正交表的介绍

正交表（orthogonal table）是正交实验设计法中安排实验和分析实验结果的一种特殊表格。表 1-1 为正交表 $L_4(2^3)$。以下介绍正交表的记号和特点。

正交表 $L_4(2^3)$ 表 1-1

实验号	列　　号		
	1	2	3
1	1	1	1
2	1	2	2
3	2	1	2
4	2	2	1

（1）正交表记号

正交表的记号为 $L_n(b^m)$，其中 L 表示正交表；L 下角的数字 n 表示正交表中横行数（以后简称为行），即要做的实验次数；括号内的指数 m 表示表中直列数（以后简称列），即最多允许安排的因素个数；括号内的底数 b，表示表中每列出现不同数字的个数，或因素的水平数，不同的数字表示因素的不同水平。

所以正交表 $L_4(2^3)$ 告诉我们，表中共有 4 行 3 列，每列出现不同数字的个数是两个（见表 1-1）。如果用它来安排正交实验，则最多可以安排 3 个因素，每个因素都要求两水平，实验次数为 4。

又如正交表 $L_9(3^4)$（见书后附表 1 中的（5）），表示这张表有 9 行 4 列，表中每列出现不同数字的个数是 3 个。如果用它来安排实验，最多能安排 4 个因素，每个因素都要求三个水平，实验次数为 9。

（2）正交表的两个特点

1）表中每一列，不同的数字出现的次数相等。见表 1-1，每一列不同的数字只有两个，即 1 和 2，它们各出现 2 次。

2）表中任意两列，将同一横行的两个数字看成有序数对（即左边的数放在前，右边的数放在后，按这一次序排出的数对）时，每种数对出现的次数相等。表 1-1 中的任两列中，有序数对共有四种：（1，1），（1，2），（2，1），（2，2），它们各出现一次。

凡满足上述两个特点的表就称为正交表，书后附表1中给出了几种常用的正交表。

（3）混合水平正交表

上面介绍的正交表属于等水平正交表，表中各列的水平数是相等的。还有一种正交表，表中各列的水平数不完全相等，就是混合水平正交表。混合水平正交表就是表中各列的水平数不完全相等的正交表。如正交表 $L_8(4 \times 2^4)$ 就是混合水平正交表，见表1-2，表中共有8行5列，用这个正交表安排正交实验，要做8次实验，最多可安排5个因素，其中第1列是4水平的因素，后4列是2水平的因素（第2～5列）。

正交表 $L_8(4 \times 2^4)$ 表1-2

实验号	列　　　号				
	1	2	3	4	5
1	1	1	1	1	1
2	1	2	2	2	2
3	2	1	1	2	2
4	2	2	2	1	1
5	3	1	2	1	2
6	3	2	1	2	1
7	4	1	2	2	1
8	4	2	1	1	2

2. 正交实验设计的优点

做三个因素每个因素取二个水平的实验，各因素分别用大写字母 A、B、C 表示，各因素的水平分别用 A_1、A_2、B_1、B_2、C_1、C_2 表示。这样，实验方案就可用因素的水平组合来表示，例如 $A_1B_1C_1$ 表示一个实验方案。实验的目的是用尽可能少的实验次数，确定出一个优实验方案。下面通过三种实验设计方法的比较，来说明正交实验设计的优点。

（1）第一种全面实验

全面实验就是对每个因素的每个水平都相互搭配，所有组合都做实验，三因素两水平的实验，共需做 $2^3 = 8$ 次实验，这8次实验分别是 $A_1B_1C_1$，$A_1B_1C_2$，$A_1B_2C_1$，$A_1B_2C_2$，$A_2B_1C_1$，$A_2B_1C_2$，$A_2B_2C_1$，$A_2B_2C_2$。为直观起见，将它们表示在图1-19中，如图1-19所示，正六面体的8个顶点表示8个实验方案。该设计方法的优点是实验方案分布的均匀性极好，各因素和各水平的搭配十分全面，能够获得全面的实验信息，通过比较可以找出一个优的水平组合，确定出优实验方案。得到的结论也比较准确。缺点是所有的搭配组合都做实验，实验次数较多。

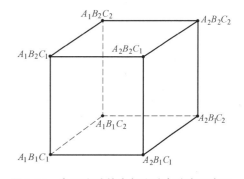

图1-19　全面实验的全部实验点分布示意图

（2）第二种简单比较法

简单比较法是一种传统的实验方法，可减少实验次数。它是一种把多因素的实验问题化为单因素实验的处理方法，即每次变化一个因素的水平，而固定其他因素在某水平上进行实验。对三因素两水平的实验，简单比较法的具体做法如下：

第一步，先将两个因素 B 和 C 固定在某水平上，比如固定 B 为 B_1，C 为 C_1，变化 A，观察因素 A 取不同水平对实验方案的影响。A 分别取 A_1 与 A_2，组成两个对比实验方案：$A_1B_1C_1$ 和 $A_2B_1C_1$。比较后，$A_1B_1C_1$ 比 $A_2B_1C_1$ 好，如图 1-20(a) 所示，取得因素 A 的较好水平为 A_1，因此认为后面的实验中因素 A 应取 A_1 水平。在图 1-20 中，好的水平用"＊"号表示。

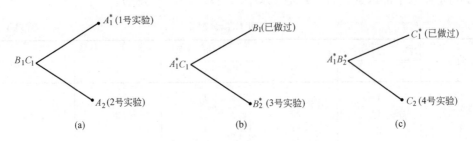

(a)   (b)   (c)

图 1-20　简单比较法实验过程示意图

第二步，固定 A 为 A_1，C 仍为 C_1，变化 B，又组成两个对比实验方案：$A_1B_1C_1$ 和 $A_1B_2C_1$，一个实验前面已做过，做另一个实验。比较后，$A_1B_2C_1$ 比 $A_1B_1C_1$ 好，如图 1-20（b）所示。因此认为因素 B 宜取 B_2 水平。

第三步，固定 A 为 A_1，B 为 B_2，变化 C，第三次组成两个对比实验方案：$A_1B_2C_1$ 和 $A_1B_2C_2$，一个实验前面已做过，做另一个实验。比较后，$A_1B_2C_1$ 比 $A_1B_2C_2$ 好，如图 1-20（c）所示。最后得到，在 A_1B_2 条件下，因素 C 宜取 C_1 水平。

于是经过 4 次实验得到一个相对较优的实验方案为：$A_1B_2C_1$。这种方法叫简单比较法。与全面实验方法相比较，简单比较法的优点是实验次数较少。

简单比较法存在的问题。我们采用简单比较法得到的四个实验方案：$A_1B_1C_1$，$A_2B_1C_1$，$A_1B_2C_1$，$A_1B_2C_2$，它们在正六面体的顶点处所占的位置，如图 1-21 所示。从此图可以看出，4 个实验方案在正六面体上分布很不均匀，有的平面上有 3 个实验方案，有的平面上仅有 1 个实验方案，因而代表性较差，反映出的信息不全面，得到的结论从整体上看不一定是优实验方案。另外这种方法只是实验数据之间进行数值上的简单比较，不能排除必然存在的实验数据误差的干扰。

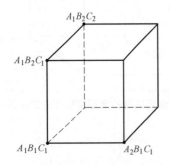

图 1-21　简单比较法实验点
不均匀分布示意图

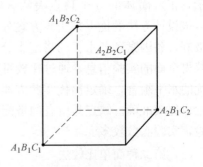

图 1-22　正交实验法实验点
均匀分布示意图

（3）第三种正交实验设计

正交实验设计是依照正交表来安排实验。选用正交表 $L_4(2^3)$，见前面的表 1-1，因素 A、B、C 分别排在表的 1，2，3 列上，把列中的数字，依次与因素的各水平建立对应关系。利用正交表 $L_4(2^3)$ 安排 4 个实验方案：$A_1B_1C_1$，$A_1B_2C_2$，$A_2B_1C_2$，$A_2B_2C_1$，它们在正六面体的顶点处所占的位置，如图 1-22 所示，正六面体的任何一面上都取了两个实验方案，这样分布就很均匀，因而代表性较好，能较全面地反映各种信息。分析正交实验得到的 4 个实验方案，确定出优实验方案，它是应用统计方法分析的结果，所得结论的可靠性肯定会远好于简单比较法，且实验总次数还较少。

由此可见，第三种安排正交实验设计的方法是最好的方法。这就是我们大量应用正交实验设计法进行多因素实验设计的原因，它兼有第一种和第二种两种实验设计方法的优点。

3. 单指标正交实验设计直观分析法的基本步骤

只考察一个实验指标的正交实验设计，称为单指标正交实验设计。

直接利用正交表进行计算和分析，排出因素的主次顺序，找出各因素优的水平组合，确定出优实验方案，称作正交实验的直观分析法。

单指标正交实验设计直观分析法的基本步骤为：

（1）明确实验目的，确定评价指标

明确实验目的，就是明确所做实验要解决什么问题。如提高污水中某种物质的转化率，或寻找最适宜的工艺条件等。任何一个正交实验都应该有一个明确的目的，这是正交实验设计的基础。

针对实验所要解决的问题，确定相应的评价指标。评价指标，是正交实验中用来衡量实验效果所采用的指标。评价指标有定量指标和定性指标两种。在正交实验设计方法中，为了便于分析实验结果，凡遇到定性指标总是把它量化加以处理。

（2）挑选因素，确定因素水平

影响实验结果的因素很多，不可能全面考察，根据实验目的和实际情况，挑选一些主要因素，略去一些次要因素。

因素的水平分为定性与定量两种。定性水平的确定，只要对每个水平规定具体含义，如药剂种类、操作方法等。最后列出因素水平表。定量水平的确定包括两个含义，即水平个数的确定和各水平的取值。各水平取值应适当拉开，以利于对实验结果的分析。

（3）选择合适的正交表，进行表头设计并建立水平对应关系

根据因素数和水平数来选择合适的正交表。一般要求，因素数≤正交表列数；因素水平数与正交表对应的水平数一致，在满足上述条件的前提下，可选较小的表。如果要求精度高，并且实验条件允许，可选择较大的表，实验次数就要增加。若各实验因素的水平数不相等，一般应选用相应的混合水平正交表；若考虑实验因素间的交互作用，应根据实验因素的多少和要考察因素间交互作用的多少来选用合适的正交表。

选好正交表后，将因素分别排在正交表的列中，这称为表头设计。哪个因素排在哪一列上，有时是可以任意的。当考虑交互作用时，因素在表头上的排列要遵照一定规则，我们将在本章 1.5.3 交互作用一节中介绍。

以选择正交表 $L_4(2^3)$ 和因素 A，B，C 为例，进行表头设计，具体做法是在正交表 $L_4(2^3)$ 的表头第 1，2，3 列上分别写上因素 A，B，C，见表 1-3。

建立水平对应关系。排好表头后，对排好因素的各列中数字，依次与因素的实际水平建立对应关系，即表中数字"1"和"2"位置分别填上各因素的 1 水平和 2 水平，见表 1-3。

（4）明确实验方案，进行实验，得到实验结果

根据表头设计和建立的水平对应关系，确定每号实验的方案。见表 1-3，表中每一号实验对应的每一行就表示一个实验的方案，即各因素的水平组合。按规定的方案进行实验，得到以实验指标形式表示的实验结果。将实验结果（评价指标）y_i 填入表 1-3 的实验结果栏内。

在表 1-3 中，可以清楚看到每号实验的方案及实验结果。例如，第 1 号实验的方案为 $A_1B_1C_1$，实验结果为 y_1。

正交实验方案及实验结果直观分析计算表 表 1-3

列号因素 实验方案 实验号	1 A	2 B	3 C	实验结果（评价指标）y_i
1	$1(A_1)$	$1(B_1)$	$1(C_1)$	y_1
2	1	$2(B_2)$	$2(C_2)$	y_2
3	$2(A_2)$	1	2	y_3
4	2	2	1	y_4
K_1	y_1+y_2	y_1+y_3	y_1+y_4	总和 $=\sum\limits_{i=1}^{4}y_i$
K_2	y_3+y_4	y_2+y_4	y_2+y_3	
$\overline{K}_1$	$(y_1+y_2)/2$	$(y_1+y_3)/2$	$(y_1+y_4)/2$	
$\overline{K}_2$	$(y_3+y_4)/2$	$(y_2+y_4)/2$	$(y_2+y_3)/2$	
极差 $R=\|\overline{K}_1-\overline{K}_2\|$	$\dfrac{\|y_1+y_2-y_3-y_4\|}{2}$	$\dfrac{\|y_1+y_3-y_2-y_4\|}{2}$	$\dfrac{\|y_1+y_4-y_2-y_3\|}{2}$	

（5）对实验结果进行直观分析，得出结论

正交实验设计结果的直观分析，就是排出因素主次顺序，选取出各因素优的水平组合，确定出优实验方案。下面通过表 1-3 来说明如何对正交实验结果进行直观分析。

1）计算表 1-3 各因素列中的各水平效应值 K_i，各水平效应均值 $\overline{K}_i$ 和极差 R

K_i 称为水平效应值，它表示某一列上水平号为 i 时，所对应的实验结果之和。例如，在表 1-3 中，在因素 B 所在的第 2 列上，第 1，3 号实验中 B 取 B_1 水平，所以 K_1 为第 1，3 号实验结果之和，即 $K_1=y_1+y_3$；第 2，4 号实验中 B 取 B_2 水平，所以 K_2 为第 2，4 号实验结果之和，即 $K_2=y_2+y_4$。同理可以计算出其他列中的 K_i，计算结果见表 1-3。

$\overline{K}_i$ 称为水平效应均值，它表示水平效应值 K_i 除以水平号为 i 的重复次数所得的商。在表 1-3 中，因素 B 所在的第 2 列上，则有：$\overline{K}_1=(y_1+y_3)/2$，$\overline{K}_2=(y_2+y_4)/2$。同理可以计算出其他列中的 $\overline{K}_i$，计算结果见表 1-3。

R 称为极差，它表示某一列上的水平效应均值中的最大值与最小值之差，即：

$$R = \max\{\overline{K_i}\} - \min\{\overline{K_i}\} \tag{1-7}$$

对于两个水平的因素，又有一个简单的极差计算公式：

$$R = |\overline{K_1} - \overline{K_2}| \tag{1-8}$$

例如，计算表 1-3 中因素 B 所在的第 2 列上的极差 R，应用公式（1-8），则有：

$$R = \frac{|y_1 + y_3 - y_2 - y_4|}{2}$$

同理可以计算出其他列中的极差 R，见表 1-3。

2）排出因素的主次顺序

比较各因素的极差 R 值，根据其大小顺序，即可排出因素的主次关系。极差越大的列，其对应因素的水平改变时，对实验指标的影响越大，这个因素就是主要因素；相反，则是次要因素。

3）选取各因素优的水平组合，确定出优实验方案

选取各因素优的水平组合，确定出优实验方案，就是找出各因素各取什么水平时，实验指标最好。各因素优的水平的确定与各水平对应的效应均值 $\overline{K_i}$ 有关；若指标值越大越好，则应选取效应均值中最大的对应的那个水平；反之，若指标值越小越好，则应选取效应均值中最小的对应的那个水平。

4）画因素与指标的关系图——趋势图

以各因素的水平为横坐标，以各因素水平对应的水平效应均值 $\overline{K_i}$ 为纵坐标，绘出各坐标点，用折线把数量因素的坐标点连起来，就可绘出因素与指标的关系图——趋势图，它可以更直观地反映出诸因素及水平对实验结果的影响。

4. 单指标正交实验设计的应用

例 1-5 为了提高某种物质的提取率，选取反应时间、碱含量、药水浓度、反应温度四个因素；每个因素取三个水平。试运用正交实验设计方法，排出因素的主次顺序，选取出各因素优的水平组合，确定出优实验方案。

解 （1）明确实验目的，确定评价指标

实验目的是选取出各因素优的水平组合，确定出优实验方案。以某种物质的提取率为评价指标，指标值越大越好。

（2）挑选因素，确定因素水平，列出因素水平表

挑选因素，选取四个因素：因素 A（反应时间），因素 B（碱含量（％）），因素 C（药水浓度（％）），因素 D（反应温度（℃））；每个因素选用 3 个水平。列出因素水平表，见表 1-4。

实验的因素水平表　　　　　　　　　　　　　　　　　　　　　　　表 1-4

水平＼因素	A（反应时间）	B（碱含量（％））	C（药水浓度（％））	D（反应温度（℃））
1	4.5（分）	5	9.0	60
2	5.5（分）	10	4.0	90
3	6.5（分）	15	6.3	120

（3）选择合适的正交表，进行表头设计并建立水平对应关系

选择正交表：根据以上所选择的因素与水平，所考虑的因素是 4 个，而每个因素又有 3 个水平，确定选用正交表 $L_9(3^4)$，见书后附表 1 中的（5）。

根据因素水平表，见表 1-4，进行表头设计并建立水平对应关系，即在正交表 $L_9(3^4)$ 的表头第 1，2，3，4 列上分别写上因素 A，B，C，D；然后把正交表中各列上的数字 1，2，3，分别填上各因素的实际水平，见表 1-5。

（4）明确实验方案，进行实验，得到实验结果

明确实验方案：根据表头设计和建立的水平对应关系，确定出每一号实验的方案，见表 1-5，表中每一号实验对应的每一行就表示一个实验的方案，即各因素的水平组合。

根据表 1-5，共需做 9 个实验，每一号实验的具体实验条件见表中各横行所示。例如，第 1 号实验是在时间为 4.5 分，碱含量为 5%。浓度为 9.0%，温度为 60℃ 的条件下进行。

按规定的方案做实验，得到实验结果。将实验结果某物质的提取率，填写在表 1-5 中相应的实验结果栏内。

实验方案及实验结果直观分析计算表 表 1-5

实验号 \ 因素	A 时间（分）	B 碱含量（%）	C 浓度（%）	D 温度（℃）	实验结果 提取率（%）
1	1 (4.5)	1 (5)	1 (9.0)	1 (60)	1.03
2	1	2 (10)	2 (4.0)	2 (90)	0.89
3	1	3 (15)	3 (6.3)	3 (120)	0.88
4	2 (5.5)	1	2	3	1.30
5	2	2	3	1	1.07
6	2	3	1	2	0.77
7	3 (6.5)	1	3	2	0.83
8	3	2	1	3	1.11
9	3	3	2	1	1.01
K_1	2.80	3.16	2.91	3.11	
K_2	3.14	3.07	3.20	2.49	总和＝8.89
K_3	2.95	2.66	2.78	3.29	
$\overline{K}_1$	0.93	1.05	0.97	1.04	
$\overline{K}_2$	1.05	1.02	1.07	0.83	
$\overline{K}_3$	0.98	0.89	0.93	1.10	
极差 R	0.12	0.16	0.14	0.27	

（5）实验结果的直观分析

实验结果的直观分析，具体做法如下：

1）计算表 1-5 各因素列中的各水平效应值 K_i，各水平效应均值 $\overline{K}_i$ 和极差 R

第 1 列因素 A（时间）的各水平效应值 K_i 分别为：

第 1 个水平效应值，$K_1 = 1.03 + 0.89 + 0.88 = 2.80$

第 2 个水平效应值，$K_2 = 1.30 + 1.07 + 0.77 = 3.14$

第 3 个水平效应值，$K_3 = 0.83 + 1.11 + 1.01 = 2.95$

第 1 列因素 A（时间）的各水平效应均值 $\overline{K}_i$ 分别为：

第 1 个水平效应均值，$\overline{K}_1 = \dfrac{2.80}{3} = 0.93$；

第 2 个水平效应均值，$\overline{K}_2 = \dfrac{3.14}{3} = 1.05$；

第 3 个水平效应均值，$\overline{K}_3 = \dfrac{2.95}{3} = 0.98$；

第 1 列因素 A（时间）的极差 R 为：$R = 1.05 - 0.93 = 0.12$

同理分别计算第 2，3，4 列中的各水平效应值 K_i，各水平效应均值 $\overline{K}_i$ 和极差 R，计算结果见表 1-5。

2）排出因素的主次顺序

按表 1-5 中极差大小分析，极差越大的那一列所对应的因素越重要，故得影响提取率的因素主次顺序依次为：

$$D（温度）\rightarrow B（碱含量）\rightarrow C（浓度）\rightarrow A（时间）$$

3）选取出各因素优的水平组合，确定出优实验方案

评价指标（提取率）越大越好，按表 1-5 各因素列中的各水平效应均值分析，应挑选每个因素中效应均值最大的那个值所对应的水平，故选取出各因素优的水平组合，确定出优实验方案为：

$A_2B_1C_2D_3$ 即：反应时间 5.5 分，碱含量 5%，浓度 4.0%，反应温度 120℃。

本例中，通过直观分析得到的优实验方案：$A_2B_1C_2D_3$，恰与表 1-5 中最好的第 4 号实验相一致，这正体现了正交实验设计的科学性与优越性。

（6）画因素与指标的关系图——趋势图

以各因素的水平为横坐标，以各因素水平对应的提取率（水平效应均值 $\overline{K}_i$）为纵坐标，画出因素与指标的关系图——趋势图，如图 1-23 所示。在画趋势图时要注意，对于有的数量因素（如本例中的因素 C，即浓度），横坐标上的点不能按水平号顺序排列，而应按水平的实际大小顺序排列。

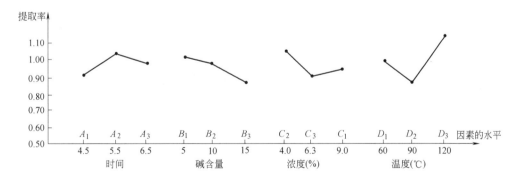

图 1-23　四个因素与提取率的关系图——趋势图

从趋势图 1-23 也可以看出优实验方案为：$A_2B_1C_2D_3$。从趋势图还可以看出各因素对实验指标提取率（%）的影响，因素 A（反应时间）不是越长越好，因素 B（碱含量）不是越大越好。重要因素 D（温度）适当加大一些，对实验指标可能起好的作用。因此，

根据趋势图可以对重要因素的水平做适当调整，选取更优的水平，再安排几个新的实验，确定出更优的实验方案。

例 1-6 在水处理实验中，为了考察混凝剂投量、助滤剂投量、助滤剂投加点及滤速对出水浊度的影响，试进行正交实验设计及实验结果的直观分析。

解 进行正交实验，本例中有 4 个因素，每个因素选用 3 个水平，混凝剂投量分别为 10mg/L，12mg/L 及 14mg/L；助滤剂投量分别为 0.008mg/L，0.015mg/L 及 0.03mg/L；助滤剂投加点分别为 a，b，c 点；滤速分别为 8m/h，10m/h 及 12m/h。用正交表 $L_9(3^4)$ 安排实验。实验方案、实验结果及其计算出水平效应值 K_i、水平效应均值 $\overline{K}_i$、极差 R，见表 1-6。

实验方案及实验结果直观分析计算表 表 1-6

实验方案 实验号 〈 因素	A 混凝剂投量 （mg/L）	B 助滤剂投量 （mg/L）	C 助滤剂 投加点	D 滤速 （m/h）	实验结果 出水浊度
1	1 (10)	1 (0.008)	1 (a)	1 (8)	0.60
2	1	2 (0.015)	2 (b)	2 (10)	0.55
3	1	3 (0.03)	3 (c)	3 (12)	0.72
4	2 (12)	1	2	3	0.54
5	2	2	3	1	0.50
6	2	3	1	2	0.48
7	3 (14)	1	3	2	0.50
8	3	2	1	3	0.45
9	3	3	2	1	0.37
K_1	1.87	1.64	1.53	1.47	出水浊度 总和＝4.71
K_2	1.52	1.50	1.46	1.53	
K_3	1.32	1.57	1.72	1.71	
$\overline{K}_1$	0.62	0.55	0.51	0.49	
$\overline{K}_2$	0.51	0.50	0.49	0.51	
$\overline{K}_3$	0.44	0.52	0.57	0.57	
极差 R	0.18	0.05	0.08	0.08	

由表 1-6 各因素列中的极差 R 和各水平效应均值 $\overline{K}_i$ 可直接分析出：

按极差 R 大小分析，极差越大的那一列所对应的因素越重要，故排出影响出水浊度的因素主次顺序为：

$A \rightarrow C \rightarrow D \rightarrow B$，即：混凝剂投量 $\rightarrow$ 助滤剂投加点 $\rightarrow$ 滤速 $\rightarrow$ 助滤剂投量

根据出水浊度越小越好，依据各因素列中的各水平效应均值 $\overline{K}_1$，$\overline{K}_2$，$\overline{K}_3$，$\overline{K}_4$ 进行分析，应选取每个因素中效应值最小的那个值所对应的水平，故选取出各因素优的水平组合，确定出优实验方案为：$A_3B_2C_2D_1$，即混凝剂投加量为 14mg/L，助滤剂投量为 0.015mg/L，助滤剂投加点为 b，滤速为 8m/h。

本例中，通过直观分析确定出优实验方案为：$A_3B_2C_2D_1$，并不包含在正交表中已做过的 9 个实验中，这正体现了正交实验设计的优越性，需要通过验证实验来确定。

以各因素的水平为横坐标，以各因素水平对应的出水浊度（水平效应均值 $\overline{K_i}$）为纵坐标，画出因素与指标的关系图——趋势图，如图 1-24 所示。

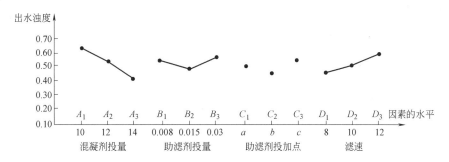

图 1-24 四个因素与出水浊度的关系图——趋势图

画趋势图 1-24 时，本例中的因素 C（助滤剂投加点），由于不是连续变化的数值，可以不考虑横坐标顺序，也不用将坐标点连成折线。

从趋势图 1-24 也可以看出，各因素优的水平组合，确定出优实验方案为：$A_3B_2C_2D_1$。从趋势图 1-24 还可以看出，随因素 A（混凝剂投量）的数量增加，出水浊度越来越小，可考虑适当再增加一些混凝剂投量，安排几个新的实验，选出各因素更优的水平组合和确定出更优的实验方案。

1.5.2 多指标正交实验设计及结果的直观分析

在实际生产和科学实验中，需要考察的评价指标往往不止一个，有时是两个、三个，甚至更多，这就是多指标的实验问题。分析多指标的实验结果时必须统筹兼顾，寻找使各项指标都尽可能好的优实验方案或工艺条件。

下面介绍两种多指标正交实验的分析方法：综合平衡法和综合评分法。

1. 综合平衡法

综合平衡法是，先对每个单项指标分别进行单指标的直观分析，排出每个单项指标的因素主次顺序和优实验方案，然后再把各单项指标的分析结果进行综合平衡，就可排出兼顾多项指标的因素主次顺序，并确定出兼顾多项指标综合平衡的优实验方案。

综合平衡的一般原则是：当各单项指标的重要性不一样时，实验的因素主次顺序和选取水平，应保证重要指标；当各单项指标的重要性相仿时，实验的因素主次顺序和选取水平，则优先照顾主要因素或看多数的倾向。

下面通过一个例子来说明这种方法。

例 1-7 在曝气实验中，选择四个有关因素，每个因素选三个水平，设置两个单项评价指标，回收率和转化率。用正交表 $L_9(3^4)$ 安排实验。正交实验方案及实验结果见表 1-7。试使用综合平衡法，排出兼顾两项指标的因素主次顺序，并确定出兼顾两项指标的综合平衡的优实验方案。

解 本例中选用两个单项指标：某种物质的回收率（%）和另一种物质的转化率（%）。两单项指标均是越大越好。对两单项指标分别计算表 1-8 各因素列中的各水平效应值 K_i，各水平效应均值 $\overline{K_i}$ 和极差 R。根据表 1-8 的计算结果，先对两单项指标分别进行直观分析，然后再进行综合平衡。

正交实验方案及实验结果表　　表 1-7

实验方案＼因素＼实验号	A	B	C	D	实验结果	
	水深 H （m）	压力 P 值	面积比 S_1/S_2	半径比 r_1/r_2	回收率（%）	转化率（%）
1	1(4.5)	1(0.10)	1(9.0)	1(60)	1.03	3.42
2	1	2(0.20)	2(4.0)	2(90)	0.89	8.82
3	1	3(0.25)	3(6.3)	3(120)	0.88	14.88
4	2(5.5)	1	2	3	1.30	4.74
5	2	2	3	1	1.07	7.86
6	2	3	1	2	0.77	9.78
7	3(6.5)	1	3	2	0.83	2.34
8	3	2	1	3	1.11	8.10
9	3	3	2	1	1.01	11.28

两单项指标实验结果计算表　　表 1-8

指标	计算指标值	A	B	C	D	指标值总和
		水深 H （m）	压力 P 值	面积比 S_1/S_2	半径比 r_1/r_2	
回收率（%）	K_1	2.80	3.16	2.91	3.11	回收率总和:8.89
	K_2	3.14	3.07	3.20	2.49	
	K_3	2.95	2.66	2.78	3.29	
	$\overline{K}_1$	0.93	1.05	0.97	1.04	
	$\overline{K}_2$	1.05	1.02	1.07	0.83	
	$\overline{K}_3$	0.98	0.89	0.93	1.10	
	极差 R	0.12	0.16	0.14	0.27	
转化率（%）	K_1	27.12	10.50	21.30	22.56	转化率总和:71.22
	K_2	22.38	24.78	24.84	20.94	
	K_3	21.72	35.94	25.08	27.72	
	$\overline{K}_1$	9.04	3.50	7.10	7.52	
	$\overline{K}_2$	7.46	8.26	8.28	6.98	
	$\overline{K}_3$	7.24	11.98	8.36	9.24	
	极差 R	1.80	8.48	1.26	2.26	

（1）排出兼顾两项指标的因素主次顺序

根据表 1-8 的计算结果，按极差的大小，对两单项指标分别排出因素的主次顺序，见表 1-9。

两单项指标的因素主次顺序表　　表 1-9

指　　标	因素的主次顺序
回收率（%）	$D \rightarrow B \rightarrow C \rightarrow A$ 即:半径比 $r_1/r_2 \rightarrow$ 压力 $P \rightarrow$ 面积比 $S_1/S_2 \rightarrow$ 水深 H
转化率（%）	$B \rightarrow D \rightarrow A \rightarrow C$ 即:压力 $P \rightarrow$ 半径比 $r_1/r_2 \rightarrow$ 水深 $H \rightarrow$ 面积比 S_1/S_2

根据两单项指标排出的因素主次顺序表及两单项指标重要程度不同作如下分析：

排出兼顾两项指标的因素主次顺序，首先保证重要指标，指标回收率是一个比指标转化率更有价值的指标；然后再看两单项指标的分别排出的因素主次关系：半径比 r_1/r_2、压力 P 均是主要的因素；面积比 S_1/S_2、水深 H 相对是次要的因素。经综合考虑，排出兼顾两项指标的因素主次顺序可以定为：

$$D \rightarrow B \rightarrow C \rightarrow A，即：半径比 r_1/r_2 \rightarrow 压力 P \rightarrow 面积比 S_1/S_2 \rightarrow 水深 H$$

（2）确定出兼顾两项指标的综合平衡的优实验方案

根据表 1-8 计算结果，按各水平效应均值 $\overline{K}_i$ 进行分析，可分析出针对单项指标回收率的优的水平组合为：$A_2B_1C_2D_3$；针对单项指标转化率的优的水平组合为：$A_1B_3C_3D_3$。不同指标所对应的优的水平组合是不相同的，但是通过综合平衡法可以确定出兼顾两项指标的综合平衡的优实验方案。具体平衡过程如下：

两单项评价指标均是越大越好，依据表 1-8 各因素列中的各水平效应均值 $\overline{K}_i$ 进行分析。

1）确定水深 H（因素 A）综合平衡的优水平

由指标回收率，选定为水深 $H=5.5\text{m}$；由指标转化率选定为水深 $H=4.5\text{m}$。考虑指标回收率重于指标转化率，并考虑实际生产中水深太浅，水池占地面积大，故选用水深 $H=5.5\text{m}$ 为好，即取 A_2。

2）确定压力 P（因素 B）综合平衡的优水平

由指标回收率，选定为压力 $P=0.10$；由指标转化率选定为压力 $P=0.25$。考虑指标回收率重于指标转化率，再加上还要考虑能量消耗，故选用压力 $P=0.10$ 为好，即取 B_1。

3）确定面积比 S_1/S_2（因素 C）综合平衡的优水平

由指标回收率，选定为面积比 $S_1/S_2=4.0$；由指标转化率选定为面积比 $S_1/S_2=6.3$。考虑指标回收率重于指标转化率，故选用面积比 $S_1/S_2=4.0$ 为好，即取 C_2。

4）确定半径比 r_1/r_2（因素 D）综合平衡的优水平

从指标回收率看，还是从指标转化率看，都是选取半径比 $r_1/r_2=120$ 为好，即取 D_3。

由此确定出兼顾两项指标的综合平衡的优实验方案为：

$$A_2B_1C_2D_3$$

即：水深 $H=5.5\text{m}$，压力 $P=0.10$，面积比 $S_1/S_2=4.0$，半径比 $r_1/r_2=120$。

由上述分析可见，运用综合平衡法分析多指标正交实验结果要复杂些，但借助于直观分析提供的一些数据，并紧密地结合专业知识，综合平衡后，还是不难确定出兼顾多项指标综合平衡的优实验方案。

2. 综合评分法

综合评分法是将多指标的问题，通过适当的评分方法，能给每一号实验评出一个分数，作为该号实验的总指标，然后根据这个总指标（分数），利用单指标实验结果的直观分析法作进一步分析，可排出兼顾多项指标的因素主次顺序和确定出兼顾多项指标综合评分的优实验方案。显然，这个方法的关键是如何评出每一号实验的分数，下面介绍两种评分方法，直接评分方法和间接评分方法。

第一种直接评分方法：对每一号实验的各单项指标结果统一权衡，综合评价，直接评出每一号实验的一个综合分数。最好的可给 100 分，依次逐个减少，减少多少分大体上与它们的效果的差距相对应。第一种评分方法的可靠性，主要取决于评出每一号实验的综合分数的合理性，特别是包含很难量化的定性指标，它的解决在很大程度取决于实验者或专家的理论知识和实践经验。

第二种间接评分方法：第一步，对每一号实验的每个单项指标结果按一定的评分标准评出分数；第二步，若各单项指标的重要性是一样的，可以将同一号实验中各单项指标评出的分数的总和作为该号实验的总分数；若各单项指标的重要性不相同，此时要先确定出各单项指标相对重要性的权重 W，然后求加权和作为该号实验总分数。

第二种间接评分方法的关键是如何对每号实验的每个单项指标结果评出合理的分数。如果指标是定性的，则可以依靠经验和专业知识直接给出一个分数，这样非量化的指标就转换为数量化指标，使结果分析变得容易；对于定量指标，有的指标值直接可以作为分数，如纯度、回收率等；对于不能将指标值本身作为分数，可以采用直接评分方法，也可以采用我们推导出来的转换为"指标对应比分"方法，对每号实验的每个单项指标结果评出一个分数。

使用指标对应比分来表示分数，指标对应比分的计算方法如下：

若单项指标取值越大越好，指标值转换为指标对应比分计算公式为：

$$指标对应比分 = \frac{指标值 - 指标最小值}{指标最大值 - 指标最小值} \qquad (1-9)$$

若单项指标取值越小越好，指标值转换为指标对应比分计算公式为：

$$指标对应比分 = \frac{指标最大值 - 指标值}{指标最大值 - 指标最小值} \qquad (1-10)$$

可见，指标最好值的对应比分为 1，而指标最差值的对应比分为 0，所以有：0≤指标对应比分≤1。如果各指标的重要性一样，就可以直接将各指标的对应比分相加作为综合分数，否则求出加权和作为综合分数。指标值转换后，指标对应比分是越大越好。

例 1-8 污水回收重复使用实验，采用正交实验设计方法来安排实验，选择了三个有关因素：药剂种类、加药量及反应时间；每个因素选 3 个水平；用正交表 $L_9(3^4)$ 安排实验；以出水有机物浓度 COD 值、出水悬浮物浓度 SS 值作为评价指标；实验方案和实验结果见表 1-10。试利用综合评分法，确定出兼顾两项指标的综合评分的优实验方案。

解 下面分别使用第一种直接评分方法，第二种间接评分方法（间接评分算术和及加权和）来解答。

（1）本题若采用综合评分法的第一种直接评分方法，对每一号实验的两单项指标结果统一权衡，综合评价，直接评出每一号实验的综合评分 y_i，见表 1-10。具体评分过程见下面所述。

本实验的两单项指标值均是越小越好。在表 1-10 中 9 个实验，第 6 号实验的指标 COD 值、SS 值均最小，其和值为 23.5，效果最好，评为 100 分；第 2 号实验的指标 COD 值、SS 值均最大，其和值为 68.7，效果最差，评为 50 分，其他几号实验参考其指标效果，按比例进行评分，其计算公式为：

$$第 i 号实验的综合评分 y_i = 50 + 50 \times \frac{68.7 - 第 i 号实验两单项指标值的和}{68.7 - 23.5}$$

实验方案 / 因素 / 实验号	A 药剂种类	B 加药量 (mg/L)	C 反应时间 (min)	空列	实验结果 出水 COD 值(mg/L)	实验结果 出水 SS 值(mg/L)	综合评分 y_i
1	1(甲)	1(15)	1(3)	1	37.8	24.3	57.3
2	1	2(5)	2(5)	2	43.1	25.6	50.0
3	1	3(20)	3(1)	3	36.4	21.1	62.4
4	2(乙)	1	2	3	17.4	9.7	96.0
5	2	2	3	1	21.6	12.3	88.5
6	2	3	1	2	15.3	8.2	100
7	3(丙)	1	3	2	31.6	14.2	75.3
8	3	2	1	3	35.7	16.7	68.0
9	3	3	2	1	28.4	12.3	81.0
K_1	169.7	228.6	225.3	226.8			综合评分总和＝678.5
K_2	284.5	206.5	227.0	225.3			
K_3	224.3	243.4	226.2	226.4			
$\overline{K}_1$	56.6	76.2	75.1	75.6			
$\overline{K}_2$	94.8	68.8	75.7	75.1			
$\overline{K}_3$	74.8	81.1	75.4	75.5			
极差 R	38.2	12.3	0.6	0.5			

评出每一号实验的综合评分后，利用综合评分 y_i，计算出表 1-10 各列中的各水平效应值 K_i、各水平效应均值 $\overline{K}_i$ 和极差 R。

对表 1-10 的计算结果进行直观分析。注意当评出每一号实验的一个综合评分后，其综合评分变为越大越好。

按极差大小分析，可排出兼顾两项指标的因素主次顺序如下：

$$A \rightarrow B \rightarrow C，即：药剂种类 \rightarrow 加药量 \rightarrow 反应时间$$

空列的极差比其他所有因素的极差都小，说明没有其他因素对实验结果有重要影响。将空列的极差一并计算出来，从中也可以得到一些有用信息。

依据各因素列中的各水平效应均值 $\overline{K}_1$，$\overline{K}_2$，$\overline{K}_3$ 分析，优水平取值越大越好，可确定出兼顾两项指标的综合评分的优实验方案为：

$A_2B_3C_2$，即：药剂种类为乙种药剂，加药量为 20mg/L，反应时间为 5min。

以各因素的水平为横坐标，以各因素水平对应的综合评分为纵坐标，绘出各坐标点；对定量的因素，用折线连接各坐标点。得到了因素与指标的关系图——趋势图，如图 1-25 所示。

从趋势图 1-25 也可以看出，兼顾两项指标的综合评分的优实验方案为：$A_2B_3C_2$。从趋势图 1-25 还可以看出，随因素 B（加药量）的数值增加，实验指标的综合评分越来越高，因此，可考虑将加药量适当再加大一些，再安排几个新的实验，确定出更优的实验方案。

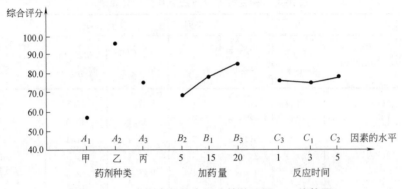

图 1-25 三个因素与综合评分的关系图——趋势图

画趋势图 1-25 时，本例中的因素 A（药剂种类），由于不是连续变化的数值，可以不考虑横坐标顺序，也不用将坐标点连成折线。本例中的因素 C，即反应时间，横坐标的点不能按水平号的顺序排列，而应按水平的实际大小顺序排列。

（2）本题若采用综合评分的第二种间接评分方法，本例中两个单项评价指标，出水有机物浓度 COD 值和出水悬浮物浓度 SS 值可直接作为单项指标的评价分数，且越小越好。当两单项指标有同等重要的要求，可将同一号实验中两单项指标分数的算术和作为该号实验的总分数，则综合评价总分为：

$$y＝指标 COD 值＋指标 SS 值$$

按此计算后所得每一号实验的综合评分，见表 1-11，越小越好。

<table>
<tr><td colspan="2" align="center">使用第二种间接评分方法（间接评分算术和）直观分析计算表</td><td></td><td></td><td></td><td></td><td align="right">表 1-11</td></tr>
</table>

实验方案　实验号＼因素	A 药剂种类	B 加药量（mg/L）	C 反应时间（min）	空列	出水 COD 值（mg/L）	出水 SS 值（mg/L）	综合评分 y COD 值＋SS 值
1	1(甲)	1(15)	1(3)	1	37.8	24.3	62.1
2	1	2(5)	2(5)	2	43.1	25.6	68.7
3	1	3(20)	3(1)	3	36.4	21.1	57.5
4	2(乙)	1	2	3	17.4	9.7	27.1
5	2	2	3	1	21.6	12.3	33.9
6	2	3	1	2	15.3	8.2	23.5
7	3(丙)	1	3	2	31.6	14.2	45.8
8	3	2	1	3	35.7	16.7	52.4
9	3	3	2	1	28.4	12.3	40.7
K_1	188.3	135.0	138.0	136.7			综合评分总和
K_2	84.5	155.0	136.5	138.0			＝411.7
K_3	138.9	121.7	137.2	137.0			
$\overline{K}_1$	62.77	45.00	46.00	45.57			
$\overline{K}_2$	28.17	51.67	45.50	46.00			
$\overline{K}_3$	46.30	40.57	45.73	45.66			
极差 R	34.60	11.10	0.50	0.43			

对表 1-11 中综合评分 y 进行计算。计算出各列中的各水平效应值 K_i，各水平效应均值 $\overline{K_i}$ 和极差 R。

对表 1-11 的计算结果进行直观分析。

按极差大小分析，可排出兼顾两项指标的因素主次顺序如下：

$$A \to B \to C，即：药剂种类 \to 加药量 \to 反应时间$$

按各因素列中的各水平效应均值 $\overline{K_1}$，$\overline{K_2}$，$\overline{K_3}$ 分析，取值越小越好，可确定出兼顾两项指标的综合评分的优实验方案为：

$A_2 B_3 C_2$，即：药剂种类为乙种药剂，加药量为 20mg/L，反应时间为 5min。

（3）本题若采用综合评分法的第二种间接评分方法，将两个单项评价指标值直接作为单项指标的评价分数。如果出水的 COD 指标要比出水 SS 指标重要得多，则可采用加权和作为每一号实验的总分数。取权重 W 时，重要因素的权重比次要因素的权重要大，可取 $W_1 = 0.6$，$W_2 = 0.4$，则每一号实验的综合评价总分为：

$$y = 0.6 \times 指标 COD 值 + 0.4 \times 指标 SS 值$$

按此计算后所得每一号实验的综合评分见表 1-12，其综合评分越小越好。

使用第二种间接评分方法（间接评分加权和）直观分析计算表 表 1-12

实验方案 实验号 \ 因素	A 药剂种类	B 加药量 (mg/L)	C 反应时间 (min)	空列	实验结果 出水 COD 值(mg/L)	实验结果 出水 SS 值(mg/L)	综合评分 y 0.6COD 值+ 0.4SS 值
1	1(甲)	1(15)	1(3)	1	37.8	24.3	32.4
2	1	2(5)	2(5)	2	43.1	25.6	36.1
3	1	3(20)	3(1)	3	36.4	21.1	30.3
4	2(乙)	1	2	3	17.4	9.7	14.3
5	2	2	3	1	21.6	12.3	17.9
6	2	3	1	2	15.3	8.2	12.5
7	3(丙)	1	3	2	31.6	14.2	24.6
8	3	2	1	3	35.7	16.7	28.1
9	3	3	2	1	28.4	12.3	22.0
K_1	98.8	71.3	73.0	72.3			综合评分总和— 218.2
K_2	44.7	82.1	72.4	73.2			
K_3	74.7	64.8	72.8	72.7			
$\overline{K_1}$	32.93	23.77	24.33	24.10			
$\overline{K_2}$	14.90	27.37	24.13	24.40			
$\overline{K_3}$	24.90	21.60	24.27	24.23			
极差 R	18.03	5.77	0.20	0.30			

对表 1-12 中综合评分 y 进行计算。计算出各列中的各水平效应值 K_i，各水平效应均值 $\overline{K_i}$ 和极差 R。

对表 1-12 的计算结果进行直观分析。

按极差大小分析，可排出兼顾两项指标的因素主次顺序如下：

$$A \to B \to C，即：药剂种类 \to 加药量 \to 反应时间$$

按各因素列中的各水平效应均值 $\overline{K_1}$，$\overline{K_2}$，$\overline{K_3}$ 分析，取值越小越好，可确定出兼顾两项指标的综合评分的优实验方案为：

$A_2B_3C_2$，即：药剂种类为乙种药剂，加药量为 20mg/L，反应时间为 5min。

例 1-9 污水回收重复使用实验，采用正交实验设计方法，选择了三个有关因素：药剂种类，加药量及反应时间；每个因素选 3 个水平；用正交表 L_9（3^4）安排实验；以出水有机物浓度 COD 值和出水悬浮物浓度 SS 值作为评价指标；实验方案和实验结果见表 1-13。试使用指标对应比分方法表示出每一号实验的综合评分，并进行直观分析，确定出兼顾两项指标的综合评分的优实验方案。

使用第二种间接评分方法（指标对应比分的算术平均）直观分析计算表 　　　　表 1-13

因素 \ 实验号	A 药剂种类	B 加药量 (mg/L)	C 反应时间 (min)	空列	出水 COD 值 (mg/L)	出水 SS 值 (mg/L)	COD 值对应比分	SS 值对应比分	综合评分 y
1	1(甲)	1(15)	1(3)	1	37.8	24.3	0.191	0.075	0.133
2	1	2(5)	2(5)	2	43.1	25.6	0	0	0
3	1	3(20)	3(1)	3	36.4	21.1	0.241	0.259	0.250
4	2(乙)	1	2	3	17.4	9.7	0.924	0.914	0.919
5	2	2	3	1	21.6	12.3	0.773	0.764	0.769
6	2	3	1	2	15.3	8.2	1	1	1
7	3(丙)	1	3	2	31.6	14.2	0.414	0.655	0.535
8	3	2	1	3	35.7	16.7	0.266	0.511	0.389
9	3	3	2	1	28.4	12.3	0.529	0.764	0.647
K_1	0.383	1.587	1.522	1.549					综合评分总和＝4.642
K_2	2.688	1.158	1.566	1.535					
K_3	1.571	1.897	1.554	1.558					
$\overline{K}_1$	0.128	0.529	0.507	0.516					
$\overline{K}_2$	0.896	0.386	0.522	0.512					
$\overline{K}_3$	0.524	0.632	0.518	0.519					
极差 R	0.768	0.246	0.015	0.007					

解 本例中有 COD 值和 SS 值两个单项评价指标，均是越小越好。将这两个单项指标值转换成它们的指标对应比分，使用前面的公式（1-10），其换算公式分别为：

$$指标\ COD\ 值对应比分 = \frac{43.1 - 指标值}{43.1 - 15.3}$$

$$指标\ SS\ 值对应比分 = \frac{25.6 - 指标值}{25.6 - 8.2}$$

本题认为两个单项指标同样重要，每一号实验的综合评分 y 为：

$$y = \frac{COD\ 值对应比分 + SS\ 值对应比分}{2}$$

每一号实验的两单项指标对应比分及该号实验的综合评分 y 见表 1-13，其综合评分越大越好。根据每一号实验的综合评分 y，计算出表 1-13 各列中的各水平效应值 K_i，各水平效应均值 $\overline{K}_i$ 和极差 R。

对表 1-13 中的计算结果进行直观分析。

按极差 R 大小分析，可排出兼顾两项指标的因素主次顺序为：

A→B→C，即：药剂种类→加药量→反应时间

按各因素列中的各水平效应均值 $\overline{K}_1$、$\overline{K}_2$、$\overline{K}_3$ 分析，取值越大越好，可确定出兼顾两项指标的综合评分的优实验方案为：

$A_2B_3C_2$，即：药剂种类为乙种药剂，加药量为 20mg/L，反应时间为 5min。

在实际应用中，如果遇到多指标的问题，究竟是采用综合平衡法，还是综合评分法，要视具体情况而定，有时可以将两者结合起来，以便比较和参考。

1.5.3 考虑交互作用的正交实验设计及结果的直观分析

1. 交互作用与交互作用列表

一般地在一个实验里，不仅各个因素在起作用，而且因素之间有时会联合、搭配起来也对实验指标起作用，这种作用就叫交互作用。我们用 $A\times B$ 来表示因素 A 和因素 B 间的交互作用。

在实验设计中，交互作用一律当作因素看待，这是处理交互作用问题一条总的原则。作为因素，交互作用在正交表中也应该占有相应的列，称为交互作用列。交互作用列在正交表中是不能随便安排，应通过所选正交表对应的交互作用列表来安排。

对每一张正交表，就有一张两列间的交互作用列表。从交互作用列表上可以查出正交表中任两列的交互作用列。表 1-14 就是正交表 $L_8(2^7)$ 对应的交互作用列表。

$L_8(2^7)$ 两列间的交互作用列表　　　　　　　　　　表 1-14

列号 （列号）	1	2	3	4	5	6	7
（1）	（1）	3	2	5	4	7	6
（2）		（2）	1	6	7	4	5
（3）			（3）	7	6	5	4
（4）				（4）	1	2	3
（5）					（5）	3	2
（6）						（6）	1
（7）							（7）

从交互作用列表可以查出正交表中任两列的交互作用列。具体查法是：

在表 1-14 中，写了两种列号，一种列号是带括号的，它们表示要查的列所在的列号；另一种列号是不带括号的，它们表示查出的列号，为交互作用的列号。根据表 1-14 就可以查出正交表 $L_8(2^7)$ 中任何两列的交互作用列。例如，要查第 3 列和第 6 列的交互作用列，先在表的对角线上找到带括号的列号（3）和（6），然后从（3）向右横看，从（6）向上竖看，交点处数字 5 就表示交互作用列，故第 3 列和第 6 列的交互作用列是第 5 列；第 2 列和第 4 列的交互作用列是第 6 列等。

正交表 $L_{27}(3^{13})$ 见书后附表 1 中的（6）。表 1-15 是对应正交表 $L_{27}(3^{13})$ 的交互作用列表。在这张表上，两列的交互作用列占两列。例如，第 2 列和第 5 列的交互作用列是第 8 列和第 11 列；第 4 列和第 13 列的交互作用列是第 6 列和第 8 列等。

从以上叙述可以看出，两个二水平因素的交互作用只占一列，而两个三水平因素的交互作用则占两列。一般说来，水平数相同的两个因素，其交互作用所占列数为水平数减一。

$L_{27}(3^{13})$ 两列间的交互作用列表　　　　　　表 1-15

列号〔列号〕	1	2	3	4	5	6	7	8	9	10	11	12	13
(1)	(1)	3 4	2 4	2 3	6 7	5 7	5 6	9 10	8 10	8 9	12 13	11 13	11 12
(2)		(2)	1 4	1 3	8 11	9 12	10 13	5 11	6 12	7 13	5 8	6 9	7 10
(3)			(3)	1 2	9 13	10 11	8 12	7 12	5 13	6 11	6 10	7 8	5 9
(4)				(4)	10 12	8 13	9 11	6 13	7 11	5 12	7 9	5 10	6 8
(5)					(5)	1 7	1 6	2 11	3 13	4 12	2 8	4 10	3 9
(6)						(6)	1 5	4 13	2 12	3 11	3 10	2 9	4 8
(7)							(7)	3 12	4 11	2 13	4 9	3 8	2 10
(8)								(8)	1 10	1 9	2 5	3 7	4 6
(9)									(9)	1 8	4 7	2 6	3 5
(10)										(10)	3 6	4 5	2 7
(11)											(11)	1 13	1 12
(12)												(12)	1 11
(13)													(13)

2. 有交互作用的正交实验表头设计

正交实验设计在制订实验计划中，首先必须根据实验情况，确定因素、因素的水平及需要考察的交互作用，然后把交互作用当作因素看待，同实验因素一并加以考虑，选取一张适当的正交表。把因素和需要考察的交互作用合理地安排到正交表的表头上。表头上每列至多只能安排一个内容，不允许出现同一列包含两个或两个以上内容的混杂现象。表头设计确定后，各因素所占的列就组成了实验计划。因此，一个实验计划的确定，最终都归结为选表和表头设计。表选得合适，表头设计得好，就可以用比较少的人力、物力和时间完成任务，得到满意的结果。

一般表头设计可按以下步骤进行：

（1）首先考虑交互作用不可忽略的因素，按不可混杂的原则，将这些因素及交互作用在表头上排妥。

（2）再将其余可以忽略交互作用的那些因素安排在剩下的各列上。

例如，考虑 A，B，C，D，E 五个因素（每个因素两个水平）和交互作用 $A \times B$，$A \times C$，可选用正交表 $L_8(2^7)$，见书后附表 1 中的（2），并参照 $L_8(2^7)$ 两列间的交互作用列表，见前面的表 1-14 所示，可作出如表 1-16 的表头设计。

正交表 $L_8(2^7)$ 表头设计　　　　　　表 1-16

列号	1	2	3	4	5	6	7
表头设计	A	B	$A \times B$	C	$A \times C$	D	E

3. 考虑交互作用的正交实验设计及其结果的直观分析

例 1-10 某一项科学实验，考虑因素及水平见表 1-17。

实验的因素水平表　　　　　　　　　　　　　　　　　表 1-17

水平 \\ 因素	A	B	C
	加药量(mg/L)	加药品种	反应时间(min)
1	5	甲	20
2	10	乙	40

考察指标是提高某种物质的转化率（％）。在考虑交互作用 $A \times B$，$A \times C$，$B \times C$ 条件下，试进行正交实验设计，选取出各因素优的水平组合，确定出优实验方案。

解　（1）选表和表头设计

这是一个 3 因素 2 水平的实验，但还要考虑三个交互作用。在选正交表时应将交互作用当作因素，在正交表中也占有相应的列，所以本例应按照 6 因素 2 水平的情况来选正交表，于是可以选择满足这一条件的最小正交表 $L_8(2^7)$ 来安排正交实验。

参照 $L_8(2^7)$ 两列间的交互作用列表，见前面表 1-14，进行表头设计，可作出如表 1-18 的表头设计。

正交表 $L_8(2^7)$ 表头设计　　　　　　　　　　　　　　　表 1-18

列号	1	2	3	4	5	6	7
表头设计	A	B	$A \times B$	C	$A \times C$	$B \times C$	空列

（2）明确实验方案、进行实验、得到实验结果并进行计算

在正交表 $L_8(2^7)$ 上，完成表头设计之后，对安排因素 A，B，C 的各列数字，依次与因素的实际水平建立对应关系，见表 1-19。根据 A，B，C 三个因素所在的列，就可以确定本例中的 8 个实验的方案。注意，交互作用虽然也占有相应的列，但它们与空白列一样，对确定实验方案不起任何作用。按正交表规定的实验方案进行实验，测定实验结果。

实验方案、实验结果转化率（％）及计算，见表 1-19。

实验方案及实验结果直观分析计算表　　　　　　　　　　　表 1-19

实验方案 实验号 \\ 列号因素	1 A	2 B	3 $A \times B$	4 C	5 $A \times C$	6 $B \times C$	7 空列	实验结果 转化率(%)
1	1(5)	1(甲)	1	1(20)	1	1	1	1.5
2	1	1	1	2(40)	2	2	2	2.0
3	1	2(乙)	2	1	1	2	2	2.0
4	1	2	2	2	2	1	1	1.5
5	2(10)	1	2	1	2	1	2	2.0
6	2	1	2	2	1	2	1	3.0
7	2	2	1	1	2	2	1	2.5
8	2	2	1	2	1	1	2	2.0

实验方案 实验号 \ 列号因素	1	2	3	4	5	6	7	实验结果
	A	B	$A \times B$	C	$A \times C$	$B \times C$	空列	转化率(%)
K_1	7.0	8.5	8.0	8.0	8.5	7.0		转化率(%)
K_2	9.5	8.0	8.5	8.5	8.0	9.5		总和=16.5
$\overline{K}_1$	1.750	2.125	2.000	2.000	2.125	1.750		
$\overline{K}_2$	2.375	2.000	2.125	2.125	2.000	2.375		
极差 R	0.625	0.125	0.125	0.125	0.125	0.625		

(3) 分析实验结果,确定主要因素,确定出优实验方案

在考虑交互作用的情况下,确定出优实验方案,应做到两点:一是需要计算交互作用显著的两因素的不同水平搭配所对应的实验指标平均值,列出因素水平搭配效果表,并分析出优的搭配;二是必须综合考虑交互作用优的搭配和其他因素优的水平,才能确定出优实验方案。

从表 1-19 中,可以看到因素 A 与交互作用 $B \times C$ 的极差 R 最大,故为主要因素。注意,虽然交互作用对确定实验方案没有影响,但应将它们当作因素,所以确定主要因素时,应包括交互作用。

从极差 R 可以看出,交互作用 $B \times C$ 比因素 B,C 对实验指标的影响更大,所以确定因素 B 和 C 优的水平,应该按因素 B,C 各水平搭配对实验结果的影响来确定。列出因素水平搭配效果表,见表 1-20。

因素水平搭配效果表   表 1-20

C \ B	B_1	B_2
C_1	$\dfrac{1.5+2.0}{2}=1.75$	$\dfrac{2.0+2.5}{2}=2.25$
C_2	$\dfrac{2.0+3.0}{2}=2.50$	$\dfrac{1.5+2.0}{2}=1.75$

看因素水平搭配效果表,该表中的四个值,2.50 最大,所以因素 B 和 C 之间优的水平搭配为 $B_1 C_2$,再考虑因素 A 优的水平 A_2,从而可分析出:在考虑交互作用的情况下,确定出优实验方案为:

$A_2 B_1 C_2$,即:加药量为 10mg/L,加药品种为甲种,反应时间为 40min

如果不考虑因素间的交互作用,根据表 1-19 计算结果及转化率越大越好,选取出各因素优的水平组合,确定出优实验方案为:

$$A_2 B_1 C_2$$

显然,本实验考虑交互作用和不考虑交互作用,选取出各因素优的水平组合完全一致,出现这种情况,是有可能的。通常是不一致的。

多因素正交实验设计,它的优点:利用正交表挑选一部分有代表性的实验,减少了实验次数;利用正交表进行整体设计,可以同时做一批实验,缩短了实验周期;只需在正交表上做少量的计算,就可获得重要信息,据此不仅可以直接比较各因素,还可以比较因素

间交互作用对指标的影响，从而确定出优实验方案。正交实验设计直观分析法的缺点是缺乏对实验数据的数理统计分析，不能准确地分析出各因素对实验结果影响的重要程度。这缺点的克服，要采用方差分析法，将在第 2 章中讨论。

习　题

1. 某实验需用一种贵重药剂，当加入量为 16％时，水样合格。为降低成本，节约贵重药剂，在保证水样合格的前提下，用单因素的中点法进行优选。经优选后，贵重药剂加入量定为 5％，试写出实验过程。

2. 某科学实验，需要对溶液的浓度进行优选，根据经验知道兑水的倍数为 50～100 倍，用黄金分割法安排实验点。试确定第一次实验和第二次实验的加水倍数。

3. 某一项实验，需要对氧气的通入量进行优选。根据经验知道氧气的通入量是 20～70kg，用黄金分割法经过 4 次实验就找到合适通氧量。试将各次通氧量计算出来，并填入表 1-21。

氧气通入量优选实验记录表　　　　　　　　　　　　　　　表 1-21

实　验　号	通氧量(kg)	比　　较
①		
②		①比②好
③		①比③好
④		①比④好

4. 用菲波那契数列法安排单因素的实验。如果允许做四、五、六次实验，应将实验范围分成多少份？中间实验点有多少个？第一次实验和第二次实验应安排在何处？

5. 某一项实验投药量分为 7 个水平，见表 1-22。用菲波那契数列法来安排实验点，经优选后发现第 6 水平最好，试写出优选过程，并画图示意。

某给水实验投药量表　　　　　　　　　　　　　　　表 1-22

投药量(mg/L)	0.30	0.33	0.35	0.40	0.45	0.48	0.50
水平编号	1	2	3	4	5	6	7

6. 为了节约用盐量，利用菲波那契数列法对盐水浓度进行了优选。盐水浓度的实验范围是 6％～15％，以变化 1％为 1 个实验点，做了 5 次实验，就找到了最合适的盐水浓度。如果实验结果：②比①好，③比②和④都好，⑤比③好，那么最合适的盐水浓度是多少？

7. 中点法、黄金分割法、菲波那契数列法各在什么情况下适用？

8. 采用均分分批实验法，如果每批做 $2n$ 个实验（n 为任意正整数），应如何安排实验？

9. 使用双因素实验设计的好点推进法，对某实验中双因素 A 和 B 用量进行优选。部分实验过程如下：

实验范围：因素 A：10～25mg/L；因素 B：2～8mg/L

实验步骤 1：先固定因素 B 为某一用量，例如近似固定在它的实验范围的 0.618 处，即取 5.708mg/L。在因素 B 用量固定在 5.708mg/L 的实验点上，对因素 A 用量用黄金分割法进行 4 次优选实验。

实验结果：②比①好，③比②好，③比④好，③对应的实验点作为因素 A 用量最合适实验点，试确定因素 A 的最合适用量。

实验步骤 2：将因素 A 用量固定在③对应的实验点上，对因素 B 用量用黄金分割法进行 4 次优选实验。

实验结果：①比②、③、④均好，①对应的实验点作为因素 B 用量最合适实验点，试确定因素 B 的最合适用量。

综合实验步骤 1 和 2 后，试确定出双因素 A 和 B 最合适用量。

10. 若不考虑因素之间的交互作用，在单指标正交实验设计结果的直观分析法中，排出实验因素的主次顺序，确定优实验方案，依据的准则各是什么？

11. 为了提高污水中某种物质的转化率（%），选择了三个有关的因素：反应温度 A，加碱量 B 及加酸量 C，每个因素选三个水平，见表 1-23。

提高转化率实验的因素水平表   表 1-23

水平 \ 因素	A 反应温度（℃）	B 加碱量（kg）	C 加酸量（kg）
1	80	35	25
2	85	48	30
3	90	55	35

（1）选用哪张正交表来安排实验。

（2）如果将三个因素依次放在正交表 $L_9(3^4)$ 的第 1，2，3 列上，按实验方案进行 9 次实验，实验结果（转化率（%））依次是 51，71，58，82，69，59，77，85，84。试用直观分析法分析实验结果，排出因素的主次顺序和确定出优实验方案。

12. 为了降低水中杂质量，对其影响杂质量的因素进行实验。选择因素、水平见表 1-24。

实验的因素水平表   表 1-24

水平 \ 因素	A 加药体积（mL）	B 加药量（mg/L）	C 反应时间（min）
1	1	5	20
2	5	10	40
3	9	15	60

（1）选用哪张正交表来安排实验？

（2）如果将三个因素依次放在正交表 $L_9(3^4)$ 的第 1，2，3 列上，实验所得杂质量（mg/L）依次为 1.122，1.119，1.154，1.091，0.979，1.206，0.938，0.990，0.702。试用直观分析法分析实验结果，选取出各因素优的水平组合，确定出优实验方案。

13. 某原水进行过滤正交实验，考察的因素、水平见表 1-25。如果将四个因素依次放在正交表 $L_9(3^4)$ 的第 1，2，3，4 列上，以出水浊度为评价指标，共进行 9 次实验，所得出水浊度依次为：0.75，0.80，0.85，0.90，0.45，0.65，0.65，0.85 及 0.35。试进行正交实验设计结果的直观分析，排出因素的主次顺序，选取出各因素优的水平组合，确定出优实验方案。

实验的因素水平表   表 1-25

水平 \ 因素	混合速度梯度（s^{-1}）	滤速（m/h）	混合时间（s）	投药量（mg/L）
1	400	10	10	9
2	500	8	20	7
3	600	6	30	5

14. 某应用数学系的几个学生做正交实验，选择因素和水平，见表 1-26；考察指标为污泥浓缩倍数（越大越好）和出水悬浮物浓度（越小越好），选用正交表 $L_4(2^3)$ 安排实验，实验方案及实验结果见表 1-26。

因素 实验方案 实验号	进水负荷	池形	空列	实验结果	
				浓缩倍数	浓度(mg/L)
1	1(0.45)	1(斜)	1	2.06	60
2	1	2(矩)	2	2.20	48
3	2(0.60)	1	2	1.49	77
4	2	2	1	2.04	63

(1) 使用第二种间接评分方法。先对每号实验的每个单项指标按一定的标准评出分数，再设权重 $W_1=0.5$，$W_2=0.5$，表示出每一号实验的综合评分，然后进行直观分析，试确定出兼顾两项指标的综合评分的优实验方案。

(2) 使用第二种间接评分方法中的"指标对应比分"方法。先对两个单项指标值分别转换成它们的对应比分，再设权重 $W_1=0.5$，$W_2=0.5$，表示出每一号实验的综合评分，然后进行直观分析，试确定出兼顾两项指标的综合评分的优实验方案。

15. 某研究生进行实验，该实验是 4 因素 2 水平的多因素实验问题，因素及水平见表 1-27。

实验的因素水平表 表 1-27

因素 水平	A 反应温度(℃)	B 反应时间(min)	C 药剂浓度(%)	D 操作方法
1	80	40	17	不搅拌
2	70	60	27	搅拌

除了需要研究因素 A，B，C，D 对转化率的影响，还考虑反应温度与反应时间之间的交互作用 $A \times B$。若将因素 A，B，C，D 依次放在正交表 $L_8(2^7)$ 的 1，2，4，7 列上，实验结果（转化率）y_i（%）依次为：65，74，71，73，70，73，62，67。试用直观分析法分析实验结果，确定出优实验方案。

第 2 章 实验数据处理

实验设计只是实验成功的前提条件，如果没有实验数据的处理，就不可能对所研究的实验有一个明确的认识，也不可能从实验数据中寻找到规律性的信息，所以实验设计（experimental design）都是与数据处理（data processing）相结合，两者是相辅相成、缺一不可的。

实验数据处理（experimental data processing）一般包括下述三个方面内容。

1. 实验数据的误差分析

为了保证最终实验结果的准确性，应该首先对原始数据的可靠性进行客观的评定，也就是需对实验数据进行误差分析，确定实验数据直接测量值误差大小，确定实验数据间接测量值误差大小，从而评判出实验数据准确度是否符合科学实验或工程实践要求。

2. 实验数据的整理

实验数据的整理，就是对原始数据进行筛选，剔除极个别不合理的数据，保证原始数据的可靠性，以及对实验数据进行列表与图示等，以供下一步分析实验数据之用。

3. 实验数据的数理统计分析

整理后得到的实验数据，利用方差分析、回归分析等数理统计方法，分析出各实验因素对实验结果影响的程度，排出影响实验结果的各因素主次顺序，建立实验结果与实验因素之间近似函数关系式，确定出优实验方案或工艺条件等。

在这一章中，我们研究的主要内容是实验数据的误差分析，实验数据的整理，实验数据的方差分析，正交实验设计结果的方差分析，实验数据的回归分析，以及均匀实验设计及其应用。

本章是以误差理论和数理统计两门学科为基础，这部分内容是较难学的，我们已经注意到这一点。撰写本章内容力求做到简明易学，并使其具有科学性、先进性和适用性。本章使用了当前通用现代的数学符号和记法，并与其他关联学科，比如概率统计学科，使用方法和记法相一致。我们的一些研究成果、创见和应用，也写进了本章内容。

2.1 实验数据的误差分析

确定实验直接测量值和间接测量值误差的大小，这就是实验数据的误差分析（error analysis）。

2.1.1 绝对误差与相对误差

1. 绝对误差（absolute error）

真值（true value）x_t 是指在某一时刻和某一状态下，某个量的客观存在值。通过实验，可获得某个量的实验值，但不是该量的真值，是近似值。实验值和真值并不一致，两者之间存在差异，差异程度可用绝对误差来表示。下面给出绝对误差的定义。

设某一量的真值为 x_t，实验值为 x，则实验值 x 与真值 x_t 之差称为实验值 x 的绝对误差，简称误差，用符号 e 表示误差（error），即：

$$e = x - x_t \tag{2-1}$$

从式（2-1）可见绝对误差反映了实验值偏离真值的大小，通常所说的误差一般就是指绝对误差。

由于真值是未知的，所以绝对误差也就无法准确计算出来，故式（2-1）称为理论型的绝对误差定义。不过在实际应用中，可估计出它的大小范围。由此，我们给出最大绝对误差概念。

可以找到一个适当小的正数 Δ，使下面不等式成立：

$$|e| = |x - x_t| \leqslant \Delta \tag{2-2}$$

则称 Δ 为实验值 x 的最大绝对误差。这里的 Δ 又称为实验值 x 的绝对误差上界或绝对误差限。

最大绝对误差具有可确定性和不唯一性，因此在估计实验值的最大绝对误差 Δ 时，应尽量将 Δ 估计得小一些。对于同一量的实验值中，最大绝对误差 Δ 越小，相应的实验值就越准确。

利用式（2-2），我们非常容易地推导出一个等价不等式：

$$x - \Delta \leqslant x_t \leqslant x + \Delta$$

这个不等式给出了真值 x_t 的取值范围，也可以用区间表示真值 x_t 的取值范围，即：

$$[x - \Delta, \ x + \Delta]$$

在科学实验中，经常用下式表示真值 x_t 的所在范围，即：

$$x_t = x \pm \Delta \tag{2-3}$$

例如，我们用毫米刻度的直尺去测量一长度为 x_t 的某样品时，测得其近似值为 $x = 85\text{mm}$。由于直尺以毫米为刻度，可以取最小刻度的 $\dfrac{1}{2}$ 作为最大绝对误差 Δ，所以该测量值 x 的最大绝对误差不超过 0.5mm，即得 $x_t = 85 \pm 0.5\text{mm}$，也可表示为：

$$|85 - x_t| \leqslant 0.5\text{mm}$$

虽然上面不等式不能给出真值 x_t 的长度是多少，但从这个不等式可以知道真值 x_t 的取值范围是：

$$84.5\text{mm} \leqslant x_t \leqslant 85.5\text{mm}$$

即说明真值 x_t 必在 $[84.5\text{mm}, 85.5\text{mm}]$ 内。

2. 相对误差（relative error）

为了判断一个实验值的准确程度，除了要看绝对误差的大小之外，还要考虑实验值本身的大小，故我们引入了相对误差的概念。

绝对误差 e 与真值 x_t 之比，称为实验值 x 的相对误差，用符号 e_r 表示相对误差（relative error），即：

$$e_r = \frac{e}{x_t} = \frac{x - x_t}{x_t} \tag{2-4}$$

由于真值 x_t 不能准确求出，所以相对误差也不可能准确求出，故式（2-4）称为理论型的相对误差定义。仿最大绝对误差的概念，我们给出最大相对误差概念。

可以找到一个适当小的正数 δ，使下面不等式成立：

$$|e_r| = \left| \frac{x - x_t}{x_t} \right| \leqslant \delta \tag{2-5}$$

则称 δ 为实验值 x 的最大相对误差。这里的 δ 又称为实验值 x 的相对误差上界或相对误差限。

最大相对误差不如最大绝对误差容易得到，在实际应用中，常用最大绝对误差 Δ 与实验值的绝对值 $|x|$ 之比作为最大相对误差 δ，即：

$$\delta = \frac{\Delta}{|x|} \tag{2-6}$$

一般地，在同一量或不同量的几个实验值中，最大相对误差 δ 越小，对应的实验值 x 准确度越高。相对误差和最大相对误差都是无单位的，通常用百分数（％）来表示。

例如，某两个样品的称量结果分别是 $x_t = 1000\text{g} \pm 1\text{g}$，$y_t = 1\text{g} \pm 0.1\text{g}$。

从最大绝对误差的角度来看，实验值 $x = 1000\text{g}$ 的最大绝对误差是 1g；实验值 $y = 1\text{g}$ 的最大绝对误差是 0.1g。可以看出实验值 x 的最大绝对误差是实验值 y 的最大绝对误差的 10 倍。

计算实验值 x 与 y 的最大相对误差，由公式（2-6）可得：

$$\delta_x = \frac{1}{1000} = 0.1\%, \quad \delta_y = \frac{0.1}{1} = 10\%$$

显然，从最大相对误差角度来看，实验值 x 的最大相对误差远比实验值 y 小，说明实验值 x 的准确度远远高于实验值 y 的准确度。

3. 绝对误差与相对误差近似计算公式

（1）算术平均值（arithmetic mean）与偏差（deviation，d）

设 x_1，x_2，$\cdots$，x_n 是某实验的一组实验数据，n 为实验次数，则算术平均值的定义为：

$$\bar{x} = \frac{1}{n} \sum_{i=1}^{n} x_i \tag{2-7}$$

由于真值有不可知性，导致绝对误差不能准确求出。而算术平均值 $\bar{x}$ 是真值 x_t 的最好估计值，用算术平均值 $\bar{x}$ 代替绝对误差式（2-1）中的真值 x_t，得到下式：

$$d = x - \bar{x} \tag{2-8}$$

称为偏差公式。实验值 x 与平均值 $\bar{x}$ 之间的差值 d，称为偏差（discrepancy）。

（2）实用型的绝对误差与相对误差公式

在实际应用中，计算绝对误差可用偏差公式（2-8）近似代替，具有实用价值，绝对误差 e 的近似计算公式：

$$e \approx x - \bar{x} \tag{2-9}$$

式（2-9）称为实用型的绝对误差公式。

对于相对误差来说，也常用偏差与实验值或平均值之比作为相对误差，即有相对误差 e_r 的近似计算公式：

$$e_r \approx \frac{x - \bar{x}}{x} \quad \text{或} \quad e_r \approx \frac{x - \bar{x}}{\bar{x}} \tag{2-10}$$

式（2-10）称为实用型的相对误差公式。

经常将式（2-9）及式（2-10）中的近似号"≈"写成等号"＝"，也是可以的，但应知道来龙去脉。在实际应用中，经常用式（2-9）和式（2-10）来计算绝对误差和相对误差。

4. 实验数据误差的分类及来源

实验数据的误差根据其性质或产生的原因，可分为随机误差、系统误差和过失误差三类。

（1）随机误差（random error）

如果一组实验值 x_1，x_2，…，x_n 与真值 x_t 之间发生一些无一定方向的微小的偏离，即这种偏离具有随机性，时大、时小、时正、时负，这种偏离称为随机误差。随机误差是由于一系列偶然因素造成的，例如实验室温度、湿度和气压的微小波动、仪器的轻微振动等，这些偶然因素是实验者无法严格控制的，所以随机误差一般是不可完全避免的。但通过增加实验次数，取平均值表示实验结果，可以减少随机误差。

（2）系统误差（systematic error）

如果一组实验值 x_1，x_2，…，x_n 与真值 x_t 之间发生有一定方向的偏离，这种偏离叫作系统误差。当实验条件一旦确定，系统误差的大小及其符号在重复多次实验中几乎相同，或在实验条件改变时按照某一确定规律变化。

产生系统误差的原因是多方面的，可来自仪器（如砝码不准或刻度不均匀等），可来自操作不当，也可来自实验方法本身的不完善等。只有对系统误差产生的原因有了充分的认识，才能对它进行校正或设法消除。

（3）过失误差（mistake error）

过失误差是一种显然与事实不符的误差，超出在规定条件下预期的误差，它可能由于实验时不合理使用仪器造成的，也可能是由于实验人员粗心大意造成的，如读数错误，记录错误或操作失误等。所以只要实验者加强工作责任心，过失误差一般是可以避免的。

2.1.2 算术平均误差与标准误差

1. 算术平均误差（average discrepancy）

算术平均误差的定义是各个偏差的绝对值的算术平均值，即：

$$\bar{d} = \frac{\sum_{i=1}^{n} |d_i|}{n} = \frac{\sum_{i=1}^{n} |x_i - \bar{x}|}{n} \tag{2-11}$$

算术平均误差也称做算术平均偏差，它可以反映一组实验数据平均误差的大小。

2. 标准误差（standard error）

（1）标准误差的定义是各个误差平方和的平均值的平方根，即：

$$\sigma = \sqrt{\frac{\sum_{i=1}^{n} e_i^2}{n}} = \sqrt{\frac{\sum_{i=1}^{n} (x_i - x_t)^2}{n}} \tag{2-12}$$

在式（2-12）中，由于真值 x_t 的不可知性，导致标准误差 σ 是不可能准确求出，式（2-12）只是标准误差理论上的定义，无实用价值，故式（2-12）称为理论型的标准误差定义。

（2）标准差是我们经常使用的一个量化指标，标准差 S 的定义：

$$S = \sqrt{\frac{\sum\limits_{i=1}^{n} d_i^2}{n-1}} = \sqrt{\frac{\sum\limits_{i=1}^{n}(x_i - \overline{x})^2}{n-1}} \qquad (2\text{-}13)$$

（3）计算标准误差 σ 可用标准差 S 来近似代替，即有：

$$\sigma \approx S = \sqrt{\frac{\sum\limits_{i=1}^{n} d_i^2}{n-1}} = \sqrt{\frac{\sum\limits_{i=1}^{n}(x_i - \overline{x})^2}{n-1}} \qquad (2\text{-}14)$$

式（2-14）称为实用型的标准误差公式。

标准误差也称作标准偏差，它也是反映一组实验数据平均误差的大小。标准误差不但与一组实验值中每一个数据有关，而且对其中较大或较小的误差敏感性很强（取每一项误差的平方），能明显地反映出较大的个别误差。它常用来表示一组实验数据的精密程度，标准误差越小，则这组实验数据精密程度越高。

（4）用计算器求平均数 $\overline{x}$ 和标准差 S

用夏普（SHARP）EL-513 型计算器求平均数 $\overline{x}$ 和标准差 S 的步骤：

① 顺次按下 2ndF STAT 键，以设定统计运算 STAT 状态。

② 输入数据，每输入一个数据均要按 DATA 键，即 M_+ 键。

③ 按 $\overline{x}$ 键，显示平均数 $\overline{x}$。

④ 按 S 键，显示标准差 S。

例 2-1 某一项科学实验，进行了 12 组实验，各组的回收率（％），见表 2-1。

各组的回收率（％） 表 2-1

实验组号	回收率(%)	实验组号	回收率(%)	实验组号	回收率(%)
1	1.00	5	1.35	9	1.45
2	1.08	6	1.21	10	1.14
3	1.20	7	1.33	11	1.63
4	1.32	8	1.62	12	1.31

（1）求其均值并计算第 5 组实验结果的绝对误差与相对误差；

（2）求其算术平均误差和标准误差。

解 （1）求其均值并计算第 5 组实验结果的绝对误差与相对误差

利用公式（2-7），计算全部实验结果的均值：

$$\overline{x} = \frac{1}{12} \sum_{i=1}^{12} x_i = 1.30$$

利用公式（2-9）、公式（2-10），计算第 5 组实验结果的绝对误差与相对误差：

$$绝对误差 \approx x_5 - \overline{x} = 1.35 - 1.30 = 0.05$$

$$相对误差 \approx \frac{x_5 - \overline{x}}{x_5} = \frac{0.05}{1.35} \times 100\% = 3.7\%$$

（2）求其算术平均误差和标准误差

1）利用公式（2-11），计算回收率（％）的算术平均误差：

$$\overline{d}=\frac{|1.00-1.30|+|1.08-1.30|+\cdots+|1.31-1.30|}{12}=0.148$$

故得实验数据的算术平均误差为 0.148。

2）利用公式（2-14）及计算器，计算回收率（％）的标准误差：

$$\sigma\approx S=\sqrt{\frac{(1.00-1.30)^2+(1.08-1.30)^2+\cdots+(1.31-1.30)^2}{12-1}}=0.195$$

故得实验数据的标准误差为 0.195。

计算出的标准误差比较小，说明取得的实验数据精密程度较高。

例 2-2 已知某试液中，测得 100g 试液中含有某种物质 18.2436g，已知测量的最大相对误差 δ 为 0.1％，试求 100g 试液中含有某种物质的质量范围。

解 由公式(2-6)，最大相对误差 δ 可表示为：

$$\delta=\frac{\Delta}{|x|}=\frac{\Delta}{18.2436}=0.1\%$$

所以最大绝对误差为：

$$\Delta=18.2436\times 0.1\%\approx 0.0182g$$

从式（2-2）可知，某种物质的质量 W 应满足下面不等式：

$$|18.2436-W|\leqslant 0.0182$$

解这不等式，可得某种物质的质量 W 所在的范围为：

$$18.2436-0.0182\leqslant W\leqslant 18.2436+0.0182$$

即：

$$18.2254g\leqslant W\leqslant 18.2618g$$

例 2-3 用万分之一分析天平称量某样品质量的最大绝对误差 Δ 为0.0002g，称量的相对误差在 0.1％以下，试求某样品称取量应为多少克才能达到上述要求。

解 根据已知条件，可设最大相对误差为 0.1％，由公式（2-6），则有：

$$\delta=\frac{\Delta}{|x|}=\frac{0.0002}{x}=0.1\%$$

所以

$$x=\frac{0.0002g}{0.1\%}=0.2g$$

由此可知，某样品称取的质量不能低于 0.2g。

如果称取某样品质量 2g 以上时，选用千分之一分析天平进行称量，某样品质量的最大绝对误差为 0.002g，准确度也可以达到 0.1％的要求。计算如下：

$$\delta=\frac{0.002}{2}=0.1\%$$

可见，一切称量都要求用万分之一分析天平称准至 0.0001g 是没必要的。

2.1.3 间接测量值的误差传递公式

间接测量值是通过一定的公式，由直接测量值计算而得。由于各直接测量值均有误差，故间接测量值也必有一定的误差。间接测量值误差不仅取决于各直接测量值误差，还取决于公式的形式。表达各直接测量值误差与间接测量值误差间的关系式，称之为误差传递公式。

1. 间接测量值的最大绝对误差与最大相对误差传递公式

设 x_1, x_2, $\cdots$, x_n 表示 n 个变量的直接测量值，用 Δx_1，Δx_2，$\cdots$，Δx_n 分别表示各直接测量值的最大绝对误差，通过函数关系式 $y=f(x_1,x_2,\cdots,x_n)$，得间接测量值 y，则间接测量值 y 的最大绝对误差传递公式为：

$$\Delta y \approx \sum_{i=1}^{n} \left| \frac{\partial f}{\partial x_i} \right| \Delta x_i \tag{2-15}$$

最大相对误差传递公式为：

$$\delta_y = \frac{\Delta y}{|y|} \approx \sum_{i=1}^{n} \left| \frac{\partial f}{\partial x_i} \right| \frac{\Delta x_i}{|y|} \tag{2-16}$$

在这里，Δx_i 表示直接测量值 x_i 的最大绝对误差，$i=1$，2，$\cdots$，n；

Δy 表示间接测量值 y 的最大绝对误差；

δ_y 表示间接测量值 y 的最大相对误差；

$\frac{\partial f}{\partial x_i}$ 表示函数 $y=f(x_1,x_2,\cdots,x_n)$ 对变量 x_i 的偏导数，称为误差传递系数。

2. 间接测量值的标准误差传递公式

（1）设 x_1，x_2，$\cdots$，x_n 表示 n 个变量的直接测量值，用 σ_{x_1}，σ_{x_2}，$\cdots$，σ_{x_n} 分别表示各直接测量值的标准误差，通过函数关系式 $y=f(x_1,x_2,\cdots,x_n)$，得间接测量值 y，σ_y 表示间接测量值 y 的标准误差，间接测量值 y 的标准误差传递公式为：

$$\sigma_y = \sqrt{\sum_{i=1}^{n} \left(\frac{\partial f}{\partial x_i} \right)^2 \sigma_{x_i}^2} \tag{2-17}$$

式（2-17）中直接测量值 x_i 的标准误差 σ_{x_i}，它是不能准确求出的，故式（2-17）也不能准确求出间接测量值 y 的标准误差 σ_y，故式（2-17）称为理论型的间接测量值 y 的标准误差传递公式。

（2）设 S_{x_1}，S_{x_2}，$\cdots$，S_{x_n} 分别表示各直接测量值的标准差，用 S_y 表示间接测量值 y 的标准差，间接测量值 y 的标准差传递公式为：

$$S_y = \sqrt{\sum_{i=1}^{n} \left(\frac{\partial f}{\partial x_i} \right)^2 S_{x_i}^2} \tag{2-18}$$

（3）求间接测量值 y 的标准误差 σ_y，一般用式（2-18）的间接测量值 y 的标准差 S_y 来代替，得到实用型的间接测量值 y 的标准误差传递公式为：

$$\sigma_y \approx S_y = \sqrt{\sum_{i=1}^{n} \left(\frac{\partial f}{\partial x_i} \right)^2 S_{x_i}^2} \tag{2-19}$$

例如，已知 $y=x_1+x_2+x_3$，实验值 x_1，x_2，x_3 的标准差分别为 $S_{x_1}=0.2$，$S_{x_2}=0.3$，$S_{x_3}=0.2$，利用公式（2-19），则间接测量值 y 的标准误差 σ_y 的估计值为：

$$\sigma_y \approx S_y = \sqrt{\left(\frac{\partial y}{\partial x_1} \right)^2 S_{x_1}^2 + \left(\frac{\partial y}{\partial x_2} \right)^2 S_{x_2}^2 + \left(\frac{\partial y}{\partial x_3} \right)^2 S_{x_3}^2}$$
$$= \sqrt{S_{x_1}^2 + S_{x_2}^2 + s_{x_3}^2}$$
$$= \sqrt{0.04 + 0.09 + 0.04} \approx 0.4$$

3. 误差传递公式的应用

例 2-4 设 x_1，x_2 为直接测量值，用 Δx_1，Δx_2 表示直接测量值的最大绝对误差。

（1）求 $y_1=x_1+x_2$ 的最大绝对误差；

（2）求 $y_2=x_1x_2$ 的最大相对误差。

解 （1）$y_1=x_1+x_2$，则有

$$\frac{\partial y_1}{\partial x_1}=1,\ \frac{\partial y_1}{\partial x_2}=1$$

利用公式（2-15），则 y_1 的最大绝对误差为：

$$\Delta y_1\approx\left|\frac{\partial y_1}{\partial x_1}\right|\Delta x_1+\left|\frac{\partial y_1}{\partial x_2}\right|\Delta x_2$$
$$=\Delta x_1+\Delta x_2$$

从而得到和（差）的最大绝对误差传递公式：

设 $y=x_1\pm x_2$，则有：

$$\Delta y\approx\Delta x_1+\Delta x_2 \tag{2-20}$$

即：两个实验值之和（差）的最大绝对误差，近似等于各自最大绝对误差之和。

（2）$y_2=x_1x_2$，则有：

$$\frac{\partial y_2}{\partial x_1}\ \frac{\partial y_2}{\partial x_2}=x_1$$

利用公式（2-16），则 y_2 的最大相对误差为：

$$\delta_{y_2}=\frac{\Delta y_2}{|y_2|}\approx\left|\frac{\partial y_2}{\partial x_1}\right|\frac{\Delta x_1}{|y_2|}+\left|\frac{\partial y_2}{\partial x_2}\right|\frac{\Delta x_2}{|y_2|}$$
$$=|x_2|\times\frac{\Delta x_1}{|x_1x_2|}+|x_1|\times\frac{\Delta x_2}{|x_1x_2|}$$
$$=\frac{\Delta x_1}{|x_1|}+\frac{\Delta x_2}{|x_2|}$$
$$=\delta_{x_1}+\delta_{x_2}$$

从而得到积（商）的最大相对误差传递公式：

设 $y=x_1x_2$ 或 $y=\dfrac{x_1}{x_2}$，则有：

$$\delta_y\approx\delta_{x_1}+\delta_{x_2} \tag{2-21}$$

即：两个实验值积（商）的最大相对误差，近似等于各自最大相对误差之和。

例 2-5 计算滴定液中某样品质量 W，计算公式为 $W=VC$，式中 V 表示滴定液的体积，C 是滴定液的浓度。今用浓度为（1.000 ± 0.001）mg/mL 的滴定液，滴定液的体积为（20.00 ± 0.02）mL，试求滴定液中样品质量 W 的最大绝对误差和最大相对误差。

解 根据滴定液样品质量的计算公式 $W=VC$，及已知 $V=20.00$mL，$C=1.000$mg/mL，可得样品质量为：

$$W=20.00\times1.00=20.00\text{mg}$$

变量 V 和 C 的最大绝对误差分别为：

$$\Delta V=0.02\text{mL},\ \Delta C=0.001\text{mg/mL}$$

根据最大绝对误差传递公式（2-15），样品质量 W 的最大绝对误差为：

$$\Delta W \approx \left| \frac{\partial W}{\partial V} \right| \Delta V + \left| \frac{\partial W}{\partial C} \right| \Delta C$$
$$= |C| \Delta V + |V| \Delta C = 1.000 \times 0.02 + 20.00 \times 0.001$$
$$= 0.02 + 0.02$$
$$= 0.04 \text{mg}$$

由公式（2-6）可得，样品质量 W 的最大相对误差为：

$$\delta_W = \frac{\Delta W}{|W|} \approx \frac{0.04}{20.00} \times 100\% = 0.2\%$$

求样品质量 W 的最大相对误差，也可应用公式（2-21），即积（商）的最大相对误差传递公式。由于 $W = VC$，则质量 W 的最大相对误差为：

$$\delta_W \approx \delta_V + \delta_C = \frac{\Delta V}{|V|} + \frac{\Delta C}{|C|}$$
$$= \frac{0.02}{20.00} + \frac{0.001}{1.000} = 0.001 + 0.001 = 0.002 = 0.2\%$$

2.1.4　实验数据的评价

1. 表示实验数据评价的术语

用正确度、精密度和准确度三个术语来评价一组实验数据的可靠性、准确性。

（1）正确度（trueness）

正确度是指大量实验结果的算术平均值与真值之间一致程度。正确度反映了实验结果中系统误差影响的程度。

（2）精密度（precision）

精密度表示各次测定实验值之间相互接近程度。各次测定的实验值越接近，精密度就越高；反之，则精密度低。精密度反映了实验结果中随机误差的影响程度。

精密度的高低通常用标准误差表示。标准误差越小，各数据之间越接近，则精密度越高；反之，则精密度低。

（3）准确度（accuracy）

准确度表示实验值与真值之间相互接近的程度。实验值与真值越接近，就越准确。准确度反映了实验结果中随机误差和系统误差综合影响的程度。

准确度的高低，用相对误差表示。相对误差越小，准确度越高；反之，准确度低。

2. 精密度与准确度的关系

准确度的高低是由随机误差和系统误差的综合所决定，而精密度的高低仅是由随机误差所决定，与系统误差无关。由此可分析出：精密度高是保证准确度高的必要条件，这是因为如果精密度低，随机误差必然大，准确度肯定低；但精密度高不是保证准确度高的充分条件，因为这时可能有较大的系统误差，说明准确度低；只有在消除系统误差的情况下，精密度高则准确度也高。

从而可得出，精密度是保证准确度的前提条件，没有好的精密度就不可能有好的准确度，精密度与准确度都好的一组实验数据才可取。

目前在国际上对实验数据的评价所用的名称及含义还没有明确统一的规定。在各种资料上，出现同一名称有不同含义，或同一种含义拥有不同的名称，请读者注意到这一点。

准确度又称精确度，精度为精确度的简称。由于在实际实验中完全区分随机误差和系统误差是困难的，因此正确度和精密度使用较少，实际应用中实验的精度一般都是指准确度。

3. 提高准确度的方法

要想得到准确的实验值，必须设法减小实验过程中的系统误差和随机误差。常用的方法是：

（1）选择恰当的实验方法，科学地进行与组织实验过程。

（2）减小系统误差

系统误差的变化具有一定的规律性，可根据其产生原因，通过采取一定的技术措施来减小或消除，例如由仪器不准引起的系统误差，可以通过校准仪器来减小或消除。

（3）减小随机误差

减小随机误差，可以通过选用稳定性更好的仪器，改善实验环境，提高实验技术人员操作熟练程度等方法来实现；也可通过增加平行测定次数，可以使平均值更接近真值，因此，适当增加测定次数，可以减小随机误差。

（4）减小测量误差

为了保证实验结果的准确度，必须尽量减小由仪器或量器带来的测量误差。

2.1.5　实验仪器精度的选择

在实验中正确选择所使用仪器的精度，以保证实验数据有足够准确度。

当要求间接测量值 y 的最大相对误差满足：$\delta_y = \dfrac{\Delta y}{|y|} \leqslant A$ 时，其中 A 为最大相对误差的"上界"，通常采用等分配的方法，将"上界" A 等分配给各直接测量值 x_i，故各直接测量值 x_i 的最大相对误差应满足：

$$\delta_{x_i} = \frac{\Delta x_i}{|x_i|} \leqslant \frac{1}{n}A \tag{2-22}$$

式中　δ_{x_i}——某直接测量值 x_i 的最大相对误差；

　　　Δx_i——某直接测量值 x_i 的最大绝对误差；

　　　x_i——某直接测量值；

　　　n——直接测量值的数目；

　　$\dfrac{1}{n}A$——某直接测量值 x_i 的最大相对误差的"上界"。

根据"上界"为 $\dfrac{1}{n}A$ 的大小，就可以选定出某待测量 x_i 值时所用实验仪器的精度。

2.2　实验数据的整理

正确记录与运算实验数据；计算出实验数据中几个数字特征；舍掉实验数据中异常值；用列表与图示方法，科学地显示实验数据，这些工作都是实验数据的整理。

2.2.1　有效数字及其运算规则

每一个实验都要记录测量值，并对它们进行分析运算。为了提高实验数据的精度，这就存在测量值应记录几位数字，运算值又应取几位数字的问题，有效数字及其运算规则可以帮助我们解决。

1. 有效数字的概念

在实验中，准确测定的几位数字加上最末一位估计数字（又称可疑数字），则该测量值的全部数字称为有效数字（significant figure）。

例如，用最小刻度为1℃的温度表，测得某溶液的温度为23.6℃，有效数字为3位，其中23℃是从温度计上直接读得的，它是准确的，但最后一位数字"6"是估计出来的，是可疑的或欠准的。又例如，用最小刻度为0.1mL的滴定管，测得消耗溶液体积为25.68mL，有效数字为4位，其中前三位为准确的，最后一位是欠准的，为可疑数字。

对于有效数字的最后一位可疑数字，在一般情况下，通常理解为它可能有±1个单位的误差。例如，有效数字2.516，按最后一位数字为可疑数字，有±1个单位的误差，该数字实际值应是2.516±0.001范围内的某一数值。

2. 正确记录测量数据

有效数字的位数可反映实验的精度或表示所用仪表的精度，所以不能随便多写或少写。不正确地多写一位数字，则该实验数据不真实；少写一位数字，则损失了实验精度。应正确记录测量数据。如用万分之一的分析天平进行称量时，称量结果必须记录到小数点后四位（以g为单位），将试样质量记为1.326g或1.32600g都不对，应记为1.3260g。又如记录滴定管数据时，必须记录到小数点后两位（以毫升为单位），将试液体积记为10.2mL或10.200mL都不对，应记为10.20mL。

3. 科学记数法

某数用科学记数法表示，就是写成$\pm a \times 10^n$形式，其中10的指数n为整数，而对a的要求是$1 \leqslant a < 10$。

例如，689万用科学记数法可表示为：

$$689 \, 万 = 689 \times 10^4 = 6.89 \times 10^6$$

又如，0.0250和0.0002用科学记数法可表示为：

$$0.0250 = 2.50 \times 0.01 = 2.50 \times 10^{-2}$$
$$0.0002 = 2 \times 0.0001 = 2 \times 10^{-4}$$

有些数字，如2500，62000等，其有效数字的位数不定。因后面的"0"可能是有效数字，也可能仅起定位作用。为明确有效数字的位数，应采用科学记数法表达形式。例如：2500，若有效数字为4位，则记为2.500×10^3；若有效数字为3位，则记为2.50×10^3；若有效数字为2位，则记为2.5×10^3。

数字"0"有时为有效数字，有时只起定位作用。数字0是否是有效数字，取决于它在数据中的位置。一般第一个非0前的数字0都不是有效数字，而第一个非0数后的数字0都是有效数字。如30.80有4位有效数字，其中的"0"都是有效数字。再如0.0206仅有3位有效数字，其中前两个"0"只起定位作用，该数可记为2.06×10^{-2}。

4. 数字的修约规则

在整理数据时，实验值应合理保留有效数字的位数，按要求舍去多余的尾数，这一过程称为数字的修约。

通常使用"四舍五入"法进行数字的修约，但这种方法存在有不足之处，它容易使所得数据系统整体误差加大。下面介绍中国科学技术委员会正式颁布的《数字修约规则》，该法则可以克服"四舍五入"法存在的不足。

这一法则具体运用如下：

（1）当舍去部分的数值，小于保留部分的末位的半个单位，则留下部分的末位不变。

（2）当舍去部分的数值，大于保留部分的末位的半个单位，则留下部分的末位加1。

（3）当舍去部分的数值，恰为保留部分的末位的半个单位，则留下部分的末位凑成偶数，即末位为奇数时加1变为偶数；末位为偶数时末位不变。

以上数字的修约规则可简述为：小则舍，大则入，恰好等于奇变偶。

例如，将下面的数据修约为4位有效数字。

$$1.36249 \rightarrow 1.362, \quad 26.4863 \rightarrow 26.49, \quad 1.024501 \rightarrow 1.025$$

$$5.6235 \rightarrow 5.624, \quad 2.00450 \rightarrow 2.004, \quad 4.61050 \rightarrow 4.610$$

数字修约时，只允许对原始数据进行一次修约，而不能对该数据进行连续修约。

例如，4.1349 修约到3位有效数字，必须将其一次修约到 4.13，而不能连续修约为 $4.1349 \rightarrow 4.135 \rightarrow 4.14$。

5. 有效数字的运算规则

（1）加减法

在加减运算中，以小数位数最少的数据为准，其余各数据可多取一位小数位数，然后进行运算，但最后结果应与小数位数最少的数据小数位数相同。

例如：13.6＋1.672，先修约成：13.6＋1.67，相加得 15.27，最后再修约为：15.3。

（2）乘除法

在乘除计算中，以有效数字位数最少的数据为准，其余各数据可多取一位有效数字，然后进行运算，但最后结果的有效数字位数应与位数最少的数据相同。

例如：3.1416×123，先修约成：3.142×123，相乘得 386.466，最后再修约为：386。

（3）乘方与开方

在乘方、开方计算中，其结果的有效数字位数，应与其底数的有效数字位数相同。

例如，$(6.0)^2 = 36$，而不能写成 $(6.0)^2 = 36.0$；$\sqrt{81} = 9.0$，而不能写成 $\sqrt{81} = 9$。

（4）对数与反对数运算

在对数与反对数运算中，对数的小数点后位数与真数的有效数字位数相同（对数的整数部分不计入有效数字位数）。

例如，lg417＝2.620，对数的首数 2 不计入有效数字位数，对数的尾数 0.620 与真数 417 都为三位有效数字。

又如，$\lg (4.9 \times 10^{-9}) = \lg 4.9 + \lg 10^{-9} = 0.69 - 9.00 = -8.31$。

已知 $\lg x = 1.3860$，则 $x = 24.32$。

（5）计算有效数字位数时，如果第一位有效数字是8或9时，则有效数字的位数可多算一位。如 8.56、9.25 虽只有三位，可认为它们是四位有效数字。

举例，0.31×0.8，应认为 0.8 是两位有效数字，两数相乘后得 0.248，然后修约为：0.25，其相乘结果为两位有效数字。如果认为 0.8 为一位有效数字，根据有效数字运算法则，相乘结果就应是一位有效数字，其相乘结果为：0.2，显然这个结果是不准确的。

（6）计算中涉及一些常数，如 π，$\sqrt{2}$，$\dfrac{1}{3}$ 等，它们的有效数字位数可根据需要任意取，不受限制。

从有效数字的运算中可以看出，算式中每一个数据对实验结果精度的影响程度是不一样的，其中精度低的数据影响相对较大，所以在实验过程中，应尽可能采用精度一致的仪器或仪表，一两个高精度的仪器或仪表无助于整个实验结果精度的提高。

2.2.2 实验数据的数字特征

1. 实验数据的基本特点

对实验数据进行简单分析后，可以看出，实验数据一般具有以下一些特点：

（1）实验数据个数总是有限个，且数据具有一定波动性。

（2）实验数据总存在实验误差，且是综合性的，即随机误差、系统误差、过失误差都有可能存在于实验数据中。

（3）实验数据大都具有一定的统计规律性。例如，可观察出实验数据整体的变化趋势。

2. 几个重要的数字特征

在有波动的实验数据中，经常需要求出实验数据的几个数字特征，以此来反映实验数据统计规律性的一些特性，如实验数据取值的平均情况、分散程度等。

数字特征（characteristic number）是反映一组实验数据统计规律性的具体量化指标，是描述实验数据整体水平特征的数，是对实验数据的整理和概括。

下面分别介绍用来描述实验数据取值的集中趋势、差异程度和相关程度等的几个数字特征。

（1）有的数字特征是用来描述实验数据取值的集中趋势及平均水平的特征，常用的有平均数、中位数、众数等。

1）平均数（average）与加权平均数（weighted average）

由实验得到一组数据 x_1，x_2，$\cdots$，x_n，n 为实验次数，则它们的平均数就是前面介绍的式（2-7），即：

$$\bar{x} = \frac{1}{n}\sum_{i=1}^{n} x_i$$

平均数又称平均值。算术平均数 $\bar{x}$ 可反映一组实验值在一定条件下的一般水平，所以在科学实验中，经常将多次实验值的平均值作为真值的近似值。

加权平均数的定义为：

$$\bar{x}_w = \frac{w_1 x_1 + w_2 x_2 + \cdots + w_n x_n}{w_1 + w_2 + \cdots + w_n} = \frac{\sum\limits_{i=1}^{n} w_i x_i}{\sum\limits_{i=1}^{n} w_i} \tag{2-23}$$

式中，x_1，x_2，$\cdots$，x_n 表示各实验值；w_1，w_2，$\cdots$，w_n 表示各单个实验值对应的权（weight）。各实验值的权数 w_i，可以是实验值的重复次数、实验值在总数中所占的比例或者根据经验确定。

2）中位数（median）

中位数是指一组实验数据依递增或递减次序排列，位于正中间位置上的那个数值，用 M_d 表示。

中位数也是反映实验数据集中趋势的数，也是反映实验数据整体水平的数值。

中位数的计算方法：

将全部实验数据从高到低（或从低到高）进行排列，若数据总数为奇数，位于正中间的那个数值就是中位数；若数据总数为偶数，就取最中间的两个数值的平均值作为中位数。

3）众数（mode）

众数是指一组实验数据中出现次数最多的那个实验数值，用 M_o 表示。

求一组实验数据的众数，可以利用观察法求得：在一组实验数据中出现次数最多的那个值为众数。

众数也是表示一组实验数据集中趋势的数，指出一组实验数据有代表性的数值。

有时会遇到一组实验数据中，出现次数最多的实验数值不止一个，这组实验数据中的众数就不止一个。如果一组实验数据中，每个实验数据都出现一次或出现次数相同，这组实验数据就没有众数。

（2）有的数字特征是用来描述实验数据彼此之间差异、分散程度的特征，常用的有极差、方差、标准差、差异系数等。

1）极差（range）

极差 R 的定义为：

$$R = \max\{x_1, x_2, \cdots, x_n\} - \min\{x_1, x_2, \cdots, x_n\} \tag{2-24}$$

式中 $\max\{x_1, x_2, \cdots, x_n\}$ 和 $\min\{x_1, x_2, \cdots, x_n\}$ 分别表示一组实验数据 x_1，x_2，$\cdots$，x_n 中的最大值和最小值。

极差 R 是一组实验数据中的最大值与最小值之差，可以度量数据波动的大小，它具有计算简便的优点，但由于它没有充分利用全部数据提供的信息，而是过于依赖个别的实验数据，故代表性较差，反映实验数据分散程度的精度较差。实际应用时，多用以均值 $\overline{x}$ 为中心的数字特征，如方差、标准差、差异系数等。

2）方差（variance）和标准差（standard deviation）

方差的定义为：

$$S^2 = \frac{1}{n-1} \sum_{i=1}^{n} (x_i - \overline{x})^2 \tag{2-25}$$

标准差的定义就是前面介绍的式（2-13），即：

$$S = \sqrt{\frac{1}{n-1} \sum_{i=1}^{n} (x_i - \overline{x})^2}$$

标准差是反映一组实验值分散程度的。标准差越大，表示这组实验值分散程度越大，即数据参差不齐，分布范围广；标准差越小，表示这组实验值分散程度越小，即数据集中、整齐，分布范围小。

标准差有广泛应用，例如，标准误差 σ 可用标准差近似代替，见前面的式（2-14）。

标准误差是反映一组实验值的精密度。标准差越小，也就是标准误差越小，则该组实验值精密度越高。

3）差异系数（coefficient of variation）

差异系数又称相对标准差（relative standard deviation）的定义为：

$$CV = \frac{S}{\bar{x}} \times 100\% \qquad (2-26)$$

差异系数 CV 是以平均数为单位，用标准差占其平均数的百分之几，来衡量实验数据的分散程度，是个相对的数字特征。差异系数越大，表示实验数据分散程度越大；差异系数越小，表示实验数据分散程度越小。

极差 R、标准差 S 的作用是反映数据绝对波动大小，而差异系数 CV 的作用是反映数据相对波动大小。

（3）有的数字特征是表示实验结果与实验因素间存在的相关关系，常用的有相关系数（correlation coefficient），其定义和计算公式将在回归分析中介绍，它反映实验结果与实验因素间存在的线性关系的强弱。

2.2.3　实验数据中可疑数据的检验

在整理实验数据时，往往会遇到这种情况，即在一组实验数据里，发现少数几个偏差特别大的可疑数据，舍掉可疑数据虽然会使实验结果精密度提高，但是可疑数据并非全都是异常值或离群值。因此对待可疑数据要慎重，不能任意删去和修改。

设 x_1，x_2，…，x_n 表示一组实验数据，$\bar{x}$ 表示这组实验数据的均值，可疑数据（suspicious data）x_s 与均值 $\bar{x}$ 之差，称为可疑数据 x_s 的偏差，用符号 d_s 表示，即：

$$d_s = x_s - \bar{x} \qquad (2-27)$$

可疑数据的检验应遵循一定的规则，下面介绍五种检验可疑数据的方法。

1. 拉依达（Paǔta）检验法

拉依达检验法又称 3S 准则，基本步骤如下：

（1）计算出实验数据的均值 $\bar{x}$ 及标准差 S。

（2）计算出可疑数据 x_s 的偏差的绝对值 $|d_s|$，即

$$|d_s| = |x_s - \bar{x}|$$

并计算出 3S。

（3）比较 $|d_s|$ 与 3S：

当 $|d_s| > 3S$ 时，则应将可疑数据 x_s 从该组实验值中去掉，否则应保留。

3S 相当于临界值。实验数据落于 $\bar{x} \pm 3S$ 内的可能性为 99.7%，也就是说落此区间外的数据只有 0.3% 的可能性，其发生的概率为小概率事件，一般是不可能发生的。当可疑数据 x_s 的偏差的绝对值 $|d_s|$ 大于 3S 时，小概率事件发生了，就应怀疑可疑数据为异常值，应舍掉。

拉依达检验法简单，无须查表，用起来方便。为了提高检验的准确性，实验数据个数应较多，数据个数 $n \geq 10$ 为好，最好 $n > 50$。当 $n < 10$ 时，用 3S 做界限，可能发生异常值无法去掉现象。

2. 肖维勒（Chauvenet）检验法

肖维勒检验法的基本步骤如下：

（1）计算出实验数据的均值 $\overline{x}$ 及标准差 S。

（2）计算出可疑数据 x_s 的偏差的绝对值 $|d_s|$，即

$$|d_s| = |x_s - \overline{x}|$$

（3）在肖维勒检验临界值 Z_c 表，见表 2-2，查出对应实验数据个数 n 的临界值 Z_c，并计算出 $Z_c S$。

（4）比较 $|d_s|$ 与 $Z_c S$：

当 $|d_s| > Z_c S$ 时，则应将可疑数据 x_s 从该组实验值中去掉，否则应保留。

肖维勒检验临界值 Z_c 表　　　　　　　　　　表 2-2

n	Z_c	n	Z_c	n	Z_c	n	Z_c
5	1.65	14	2.10	23	2.30	40	2.50
6	1.73	15	2.13	24	2.32	50	2.58
7	1.79	16	2.16	25	2.33	60	2.64
8	1.86	17	2.18	26	2.34	70	2.69
9	1.92	18	2.20	27	2.35	80	2.74
10	1.96	19	2.22	28	2.37	90	2.78
11	2.00	20	2.24	29	2.38	100	2.81
12	2.04	21	2.26	30	2.39	150	2.93
13	2.07	22	2.28	35	2.45	200	3.02

3. 格拉布斯（Grubbs）检验法

格拉布斯检验法的基本步骤如下：

（1）计算出实验数据的均值 $\overline{x}$ 及标准差 S。

（2）计算出可疑数据 x_s 的偏差的绝对值 $|d_s|$，即：

$$|d_s| = |x_s - \overline{x}|$$

（3）对于给定的显著性水平 α 和实验数据个数 n，在格拉布斯检验临界值表，见书后附表 3（1）所示，查出对应 α 和 n 的临界值 $G_{(\alpha, n)}$，并计算出 $G_{(\alpha, n)} S$。

（4）比较 $|d_s|$ 与 $G_{(\alpha, n)} S$。

当 $|d_s| > G_{(\alpha, n)} S$ 时，则应将可疑数据 x_s 从该组实验值中去掉，否则应保留。

4. 狄克逊（Dixon）检验法

检验一组实验数据中的可疑数据有多种方法，狄克逊检验法是应用最广泛的一种，由于该方法简便且适用于实验数据较少时的检验，故已成为国际标准化组织（ISO）和美国材料实验协会（ASTM）的推荐方法。狄克逊检验法的基本步骤如下：

（1）将 n 个实验数据按从小到大的顺序排列，得到：

$$x_1 \leqslant x_2 \leqslant \cdots \leqslant x_{n-1} \leqslant x_n$$

如果有异常值存在，必然出现在两端，当只有一个异常值时，异常值不是 x_1 就是 x_n。注意，每次只检验一个可疑值，应按照与 $\overline{x}$ 偏差的大小来检验，首先检验偏差最大

的数。

（2）检验 x_1 或 x_n 时，使用表 2-3 中所列的公式，可以计算出狄克逊统计量 D 值，D 值与实验数据个数 n 和可疑值 x_1 或 x_n 有关。

（3）对于给定的显著性水平 α 和实验数据个数 n，在狄克逊检验临界值表，见书后附表 3 中的（2）所示，查出对应 α 和 n 的临界值 $D_{(\alpha,n)}$。

狄克逊统计量 D 计算公式　　　　　　　　　　　表 2-3

n	最大值 x_n 可疑	最小值 x_1 可疑	n	最大值 x_n 可疑	最小值 x_1 可疑
3～7	$D=\dfrac{x_n-x_{n-1}}{x_n-x_1}$	$D=\dfrac{x_2-x_1}{x_n-x_1}$	11～13	$D=\dfrac{x_n-x_{n-2}}{x_n-x_2}$	$D=\dfrac{x_3-x_1}{x_{n-1}-x_1}$
8～10	$D=\dfrac{x_n-x_{n-1}}{x_n-x_2}$	$D=\dfrac{x_2-x_1}{x_{n-1}-x_1}$	14～30	$D=\dfrac{x_n-x_{n-2}}{x_n-x_3}$	$D=\dfrac{x_3-x_1}{x_{n-2}-x_1}$

（4）比较 D 与 $D_{(\alpha,n)}$。

当 $D>D_{(\alpha,n)}$ 时，判断可疑值 x_1 或 x_n 为异常值，应从该组实验值中去掉，否则应保留。

例 2-6　设有一组实验数据，$n=13$，按从小到大的顺序排列为：

　　　　-1.52，-0.44，-0.32，-0.22，-0.13，-0.05，0.10，0.18，

　　　　0.20，0.39，0.48，0.63，0.96

试用狄克逊检验法分析其中有无数据应该去掉，给定显著性水平 $\alpha=0.05$。

解　在这组数据中，均值 $\bar{x}=0.02$，与均值偏差最大的数是 $x_1=-1.52$，故最为可疑，应首先检验，其次为 $x_{13}=0.96$。

（1）检验可疑数据 -1.52，其步骤如下：

1）计算统计量 D

根据表 2-3，对于 $n=13$，$x_1=-1.52$，找出所需要的统计量计算公式，计算 D 值，则有：

$$D=\frac{x_3-x_1}{x_{n-1}-x_1}=\frac{-0.32+1.52}{0.63+1.52}=0.56$$

2）查表

查书后附表 3 中的（2）狄克逊检验临界值表，得：$D_{(0.05,13)}=0.521$。

3）比较

由于 $D=0.56>0.521=D_{(0.05,13)}$，故判断 $x_1=-1.52$ 为异常值，应该被去掉。

（2）检验可疑数据 0.96，其步骤如下：

由于 -1.52 已经被去掉，所以再检验 0.96 时，应将剩余的数据重新排序，这时 $n=12$，$x_{12}=0.96$。

1）根据表 2-3，计算统计量 D

$$D=\frac{x_n-x_{n-2}}{x_n-x_2}=\frac{x_{12}-x_{10}}{x_{12}-x_2}=\frac{0.96-0.48}{0.96+0.32}=0.38$$

2）查表

查书后附表 3 中的（2）狄克逊检验临界值表，得：$D_{(0.05,12)}=0.546$。

3）比较

因为 $D=0.38<0.546=D_{(0.05,12)}$，可判断 0.96 应该保留。剩余数据与均值的偏差都比 0.96 的偏差小，故都不被去掉。

5. 柯克兰（Cochran）最大方差检验法

柯克兰最大方差检验法用于多组实验数据的方差的可疑值检验，基本步骤如下：

（1）计算统计量 C

设有 m 组实验数据，每组实验数据有 n 个。m 组实验数据的方差分别为：S_1^2，S_2^2，…，S_m^2，柯克兰检验法的统计量 C 公式为：

$$C=\frac{S_{max}^2}{\sum\limits_{i=1}^{m}S_i^2} \tag{2-28}$$

在这里 S_{max}^2 代表方差 S_i^2 中的最大值，定为可疑方差。

当每组仅有两个数据 x_{i1} 和 x_{i2} 时，各组差值的平方分别为：R_1^2，R_2^2，…，R_i^2，…，R_m^2，其中 $R_i^2=(x_{i1}-x_{i2})^2$，可用 R_i^2 代替上式中 S_i^2，即有：

$$C=\frac{R_{max}^2}{\sum\limits_{i=1}^{m}R_i^2} \tag{2-29}$$

在这里 R_{max}^2 代表 R_i^2 中的最大值。

（2）查出临界值 $C_{(\alpha,m,n)}$

根据给定的显著性水平 α，实验组数 m 及每组实验数据个数 n，在柯克兰最大方差检验临界值表，见书后附表 3 中的（3）所示，查出对应 α，m，n 的临界值 $C_{(\alpha,m,n)}$。

（3）比较 C 与 $C_{(\alpha,m,n)}$

当 $C>C_{(\alpha,m,n)}$ 时，则可疑方差 S_{max}^2 为异常方差，说明该组数据离散程度过大，应该去掉。

然后继续检查，直到没有异常方差为止。这里的检验与给定的显著性水平 $\alpha=0.01$，0.05 等有关。

多组实验数据的方差的可疑值检验，也可使用其他检验方法，如狄克逊检验法、格拉布斯检验法等。

6. 应用检验法检验可疑数据的注意事项

（1）可疑数据应逐一检验，不能同时检验两个以上数据。应按照与 $\bar{x}$ 的偏差大小顺序来检验，首先检验偏差最大的数，如果这个数没有被去掉，则所有其他数都应保留，也就不需要再检验其他数了。

（2）去掉一个数后，如果还要检验下一个可疑数据，应注意实验数据的总数发生了变化。此时，若再用拉依达和格拉布斯准则检验时，$\bar{x}$ 和 S 都会发生变化；若再用狄克逊准则检验时，各实验数据的大小顺序编号以及统计量 D 计算公式，临界值 $D_{(\alpha,n)}$ 也会随着变化。

（3）用不同的检验方法检验同一组实验数据，在相同的显著性水平上，可能会有不同的结论。

（4）各种检验法各有其特点。当实验数据较多时，使用拉依达检验法较好，实验数据较少时，不要应用；格拉布斯检验法和狄克逊检验法都适用于实验数据较少时的检验。在一些标准中，常推荐格拉布斯检验法和狄克逊检验法来检验可疑数据。

2.2.4 检验可疑数据实例

例 2-7 某个科研组，共做了 12 组实验。每一组实验得到的实验数据，求其均值和标准差，可得 12 个均值和标准差。现将 12 个均值和标准差列出表格，见表 2-4。试分析 12 个均值和标准差中是否有异常值？给定显著性水平 $\alpha = 0.05$。

12 个各组均值和标准差数据表　　　　　　　　　　　表 2-4

组　号	各组均值	各组标准差	组　号	各组均值	各组标准差
1	0.053	0.0027	7	0.066	0.0029
2	0.082	0.0035	8	0.085	0.0031
3	0.090	0.0026	9	0.077	0.0032
4	0.067	0.0030	10	0.061	0.0033
5	0.069	0.0033	11	0.090	0.0028
6	0.060	0.0028	12	0.072	0.0029

解 12 个均值为：0.053，0.082，…，0.072。可看成普通实验数据，故检验可疑数据的基本步骤不变。

（1）利用拉依达检验法，分析 12 个均值中是否有异常值

1）计算出 12 个均值的平均值和标准差

$$\overline{x} = 0.073, \ S = 0.012$$

2）在 12 个均值数据中，最小值 0.053 的偏差最大，故最为可疑数据 x_s，应首先检验。计算出可疑数据 0.053 的偏差的绝对值：

$$|d_s| = |x_s - \overline{x}| = |0.053 - 0.073| = 0.020$$

且计算出 $3S$ 值：

$$3S = 3 \times 0.012 = 0.036$$

3）比较 $|d_s|$ 与 $3S$

$$|d_s| = 0.020 < 0.036 = 3S$$

故按拉依达检验法，0.053 应保留。由于剩余数据的偏差都比 0.053 的偏差小，所以都应保留，即得 12 个均值中无异常值。

检验多个均值中有无异常值，当判断出某个可疑均值为异常值时，说明与该均值相对应的那一组实验数据离散程度过大，该组数据就应该去掉。

（2）利用肖维勒检验法，分析 12 个均值中是否有异常值

1）计算出 12 个均值的平均值和标准差：

$$\overline{x} = 0.073, \ S = 0.012$$

2）在 12 个均值数据中，最小值 0.053 的偏差最大，故最为可疑数据 x_s，应首先检验。计算出可疑数据 0.053 的偏差的绝对值：

$$|d_s| = |x_s - \overline{x}| = |0.053 - 0.073| = 0.020$$

3）对于给定的 $n = 12$，查肖维勒临界值表，见表 2-2，查得临界值 $Z_c = 2.04$，并计算出 $Z_c S$：

$$Z_c S = 2.04 \times 0.012 \approx 0.024$$

4）比较 $|d_s|$ 与 $Z_c S$

$$|d_s| = 0.020 < 0.024 = Z_c S$$

故按肖维勒检验法，0.053 应保留。由于剩余数据的偏差都比 0.053 的偏差小，所以都应保留，即得 12 个均值中无异常值。

（3）利用格拉布斯检验法，分析 12 个均值中是否有异常值

1）计算 12 个均值的平均值和标准差：

$$\overline{x} = 0.073, \quad S = 0.012$$

2）在 12 个均值数据中，最小值 0.053 的偏差最大，故最为可疑数据 x_s，应首先检验，计算出可疑数据 0.053 的偏差的绝对值：

$$|d_s| = |x_s - \overline{x}| = |0.053 - 0.073| = 0.020$$

3）对于给定的显著性水平 $\alpha = 0.05$，数据个数 $n = 12$，查格拉布斯检验临界值表，见书后附表 3 中的（1），查得临界值 $G_{(0.05,12)} = 2.285$，并计算出 $G_{(0.05,12)}S$：

$$G_{(0.05,12)}S = 2.285 \times 0.012 = 0.027$$

4）比较 $|d_s|$ 与 $G_{(0.05,12)}S$

$$|d_s| = 0.020 < 0.027 = G_{(0.05,12)}S$$

故按格拉布斯检验法，0.053 应保留。由于剩余数据的偏差都比 0.053 的偏差小，所以都应保留，即得 12 个均值中无异常值。

（4）利用狄克逊检验法，分析 12 个均值中是否有异常值

1）将 12 个均值按从小到大的顺序排列，得到：

0.053，0.060，0.061，0.066，0.067，0.069，

0.072，0.077，0.082，0.085，0.090，0.090

计算出已给数据的平均值 $\overline{x}$，$\overline{x} = 0.073$，最小值 $x_1 = 0.053$ 的偏差最大，应首先检验。

2）根据给定的 $n = 12$，最小值 x_1 最可疑，从表 2-3 中，找到相应的狄克逊统计量 D 计算公式，计算出 D 值：

$$D = \frac{x_3 - x_1}{x_{n-1} - x_1} = \frac{x_3 - x_1}{x_{11} - x_1} = \frac{0.061 - 0.053}{0.090 - 0.053} = 0.22$$

3）根据给定的显著性水平 $\alpha = 0.05$，$n = 12$，查狄克逊检验临界值表，见书后附表 3 中的（2），查得临界值 $D_{(0.05,12)} = 0.546$。

4）比较 D 与 $D_{(\alpha,n)}$

$$D = 0.22 < 0.546 = D_{(0.05,12)}$$

故按狄克逊检验法，0.053 应保留。由于剩余数据的偏差都比 0.053 的偏差小，所以都应保留，即得 12 个均值中无异常值。

（5）利用柯克兰最大方差检验法，分析 12 个标准差中是否有异常值

根据标准差 S 的平方为方差 S^2 的关系，由分析 12 个标准差中有无异常值，可以转换为分析他们的方差中有无异常值，利用柯克兰最大方差检验法。

1）计算统计量 C

将 12 个方差按从小到大的顺序排列，得到：

0.0026^2，0.0027^2，0.0028^2，0.0028^2，0.0029^2，0.0029^2，

0.0030^2，0.0031^2，0.0032^2，0.0033^2，0.0033^2，0.0035^2。

最大方差 $S_{max}^2 = 0.0035^2$ 为可疑数据。应用公式（2-28）计算统计量 C：

$$C = \frac{S_{max}^2}{\sum\limits_{i=1}^{m} S_i^2} = \frac{0.0035^2}{0.0026^2 + 0.0027^2 + \cdots + 0.0035^2} = 0.11$$

2）查出临界值 $C_{(\alpha, m, n)}$

根据显著性水平 $\alpha = 0.05$，组数 $m = 12$，假定每组实验数据个数 $n = 6$，查柯克兰最大方差检验临界值表，见书后附表 3 中的（3），查出临界值 $C_{(0.05, 12, 6)} = 0.262$。

3）比较 C 与 $C_{(\alpha, m, n)}$

$$C = 0.11 < 0.262 = C_{(0.05, 12, 6)}$$

故按柯克兰最大方差检验法，0.0035^2 应保留。由于数据组中其他方差都比最大方差 0.0035^2 小，所以都应保留，即得 12 个方差中无异常值，从而得到 12 个标准差中无异常值。

检验多个方差中有无异常值，当判断出某个可疑方差为异常值时，说明与该方差相对应的那一组实验数据离散程度过大，该组数据就应该去掉。

2.2.5 实验数据的列表与图示

为了充分发挥实验数据在实验设计中的作用，必须有科学的显示方法。实验数据表和图是显示实验数据的两种基本方式。

1. 实验数据的列表法

表格是显示实验数据的基本工具。列表法就是用表格的形式将实验数据依照一定的形式和顺序一一对应列出来。

实验数据表可将杂乱的数据有条理地整理在一张简明的表格内。实验数据表一般由三部分组成，即表名、表头和数据。表名应放在表的上方，主要说明表的主要内容，为了引用方便，还应包括表号；表头通常放在第一行，也可以放在第一列，也可称为行标题或列标题，它主要是表示表中记录各种数据的类别名；数据是表格的主要部分。此外，在表格的下方可以加上表外附加，主要内容是一些不便列在表内的内容，如指标注释、资料来源、不变的实验数据等。

实验数据表可分为两大类：实验数据记录表和实验结果表示表。

实验数据记录表是实验数据的记录和实验数据初步整理的表格，它是根据实验内容设计的一种专门表格。表中数据可分为三类：原始数据、中间数据和计算结果。实验数据记录表应在实验正式开始之前准备好。

实验结果表示表，它表达的是实验过程中测定出的实验结果。实验结果表示表应该简明扼要，只需包括所测定实验结果的数据。

如果实验数据不多，原始数据与实验结果之间的关系很明显，可以将实验数据记录表和结果表示表合二为一。在实验中，有些实验数据记录表，就是记录表和结果表示表合二为一的表格。

为了充分发挥实验数据表的作用，表格的设计应注意简明合理，层次清晰，以便阅读和使用；表格的使用，应注意记录的数据要规范、全面。

2. 实验数据的图示法

实验数据的图示法就是将实验数据用图形表示出来。它的优点在于形象直观，易于比较，易于显示实验数据的变化规律和特征。

实验数据图种类很多，有线图、散点图、条形图、扇形图等。

线图是实验数据整理中最常用的一类图形，它可以用来表示因变量随自变量的变化情况。在数学中，表示函数关系的图形就是线图。

3. 线图的绘制

绘制线图的基本步骤分为下面六步：

（1）选择合适的坐标系

坐标系有直角坐标系、半常用对数坐标系、半自然对数坐标系、双常用对数坐标系、双自然对数坐标系、极坐标系等。

在半常用对数坐标系上，一个轴是刻度均匀的普通坐标轴，另一个轴是刻度不均匀的常用对数坐标轴。在常用对数坐标轴上，刻度划分是按照常用对数值来确定的，即轴上某点标出的值是真数值，但该点与原点的实际距离却是标出数值（真数）的常用对数值，所以对数轴上的刻度是不均匀的，且原点标出的数也不是零，通常是 1 或其他数值。双自然对数坐标系上的两个轴都是自然对数坐标轴。

作图时，根据变量间的函数关系式，选择合适坐标系的基本原则：

1）线性函数：$y = a + bx$，用普通直角坐标系。

2）幂函数：$y = ax^b$，因为 $\lg y = \lg a + b\lg x$，用双常用对数坐标系可以使图形线性化，故选用双常用对数坐标系。

3）指数函数：$y = ab^x$，因为 $\lg y = \lg a + x\lg b$，$\lg y$ 与 x 呈直线关系，故选用半常用对数坐标系。

（2）选择坐标轴

横轴为自变量，纵轴为因变量。轴的末端注明该轴所代表的变量名称的符号及所用单位。

（3）建立坐标轴的分度

建立坐标轴的分度就是在每个坐标轴上划分刻度并注明其大小。

1）坐标轴的分度应与实验数据的有效数字位数相匹配，即坐标读数的有效数字位数与实验数据的位数相同。

2）坐标原点的坐标可设置为所需要数字。

3）两个变量的变化范围表现在坐标系上的长度应相差不大，以尽可能使图线在坐标系正中，不偏于一角或一边。

（4）描点

描点就是将表示自变量和因变量的数据点一一对应地点在坐标系上。同一图上，不同线上的数据点应用不同符号表示，如实心点或空心点等，以示区别，而且还应在图上注明符号意义。

（5）连线

连线就是将实验点的分布连成一条直线或一条光滑曲线。连线时，必须使图线紧靠近所有实验点，并使实验点均匀分布于图线的两侧。

（6）注图名

图必须有图号和图名，以便引用，必要时还应有图注。

随着计算机技术的发展，图形的绘制都可由计算机来完成，目前在科技绘图中最为常用的绘图软件是 Excel 和 Origin。Excel 因其操作简便和通俗的中文界面，应用的人更多些。

2.3　实验数据的方差分析

在实验数据的处理过程中，方差分析（analysis of variance）是一种非常实用、有效的统计检验法。它所要解决的基本问题是通过数据分析，搞清与实验研究有关的各个因素（可定量或定性表示的因素）对实验结果影响的程度。哪些因素是重要的，对实验结果有显著的影响；哪些因素是次要的，对实验结果没有发生显著的影响。本节介绍单因素和双因素的方差分析。

2.3.1　单因素实验的方差分析

单因素实验的方差分析（one-way analysis of variance）是讨论一个因素对实验结果有无显著影响。

1. 问题的提出

设单因素 A 有 b 个不同水平 A_1，A_2，$\cdots$，A_b，在每一水平下做 a 次独立实验，任一实验结果可以表示为 x_{ij}（$i=1$, 2, $\cdots$, a；$j=1$, 2, $\cdots$, b），其中 j 表示因素 A 对应的水平 A_j，i 表示在 A_j 水平下的第 i 次实验。这里定义的 i 和 j 所表示的意义，是国内外通常表示方法。例如，x_{21} 表示的是 A_1 水平下的第 2 次实验的结果。全部实验结果见后面的表 2-5，且相互独立。通过单因素实验的方差分析可以判断因素 A 对实验结果是否有显著影响。

2. 单因素实验方差分析的计算公式和自由度

（1）统计量的介绍

定义：设 $f(x_1,x_2,\cdots,x_n)$ 是一组实验值 x_1，x_2，$\cdots$，x_n 的函数，且 f 中不含有未知参数，则称 $f(x_1,x_2,\cdots,x_n)$ 为统计量。

1）统计量 $T_{\cdot j}$ 表示因素 A 在 A_j 水平下取得所有实验值之和，即：

$$T_{\cdot j}=\sum_{i=1}^{a}x_{ij}, \qquad j=1,2,\cdots,b \tag{2-30}$$

在实验数据计算表中，统计量 $T_{\cdot j}$ 通常称为列和。在 $T_{\cdot j}$ 上出现的小黑点"·"表示求和的结果。

统计量 $\overline{x}_{\cdot j}$ 表示因素 A 在 A_j 水平下所有实验值的平均值，即：

$$\overline{x}_{\cdot j}=\frac{1}{a}\sum_{i=1}^{a}x_{ij}=\frac{T_{\cdot j}}{a}, \qquad j=1,2,\cdots,b \tag{2-31}$$

在 $\overline{x}_{\cdot j}$ 上出现的小黑点"·"表示求和的结果，出现的一横表示求平均的结果。

2）统计量 $T_{\cdot\cdot}$ 表示全部实验值之和，即：

$$T_{\cdot\cdot}=\sum_{j=1}^{b}\sum_{i=1}^{a}x_{ij}=\sum_{j=1}^{b}T_{\cdot j} \tag{2-32}$$

统计量 $\overline{x}$ 表示全部实验值的平均值，即：

$$\overline{x} = \frac{1}{ab} \sum_{j=1}^{b} \sum_{i=1}^{a} x_{ij} = \frac{T_{\cdot\cdot}}{ab} \qquad (2\text{-}33)$$

其中 ab 表示实验总次数。

（2）各偏差平方和的定义与计算公式

在单因素实验中，各实验结果之间存在差异，这种差异可用偏差平方和来表示。

1）总偏差平方和的定义为：

$$S_{\mathrm{T}} = \sum_{j=1}^{b} \sum_{i=1}^{a} (x_{ij} - \overline{x})^2 \qquad (2\text{-}34)$$

总偏差平方和 S_{T} 考察了全部实验值 x_{ij} 对总平均值 $\overline{x}$ 之间存在的差异程度，这种差异是由实验值 x_{ij} 取不同值引起的，故总偏差平方和反映了全部实验结果之间存在的总差异。

对式（2-34）进行推导，可以得到简便的公式来计算 S_{T}：

$$S_{\mathrm{T}} = \sum_{j=1}^{b} \sum_{i=1}^{a} x_{ij}^2 - \frac{T_{\cdot\cdot}^2}{ab} \qquad (2\text{-}35)$$

2）因素 A 偏差平方和的定义为：

$$S_{\mathrm{A}} = \sum_{j=1}^{b} \sum_{i=1}^{a} (\overline{x}_{\cdot j} - \overline{x})^2 = a \sum_{j=1}^{b} (\overline{x}_{\cdot j} - \overline{x})^2 \qquad (2\text{-}36)$$

因素 A 偏差平方和 S_{A} 考察了因素 A 各水平的平均值 $\overline{x}_{\cdot j}$ 对总平均值 $\overline{x}$ 之间存在的差异程度，这种差异是因素 A 的不同水平及随机误差引起的，故因素 A 偏差平方和反映了因素 A 的水平变化所引起的实验结果间的差异。

对式（2-36）进行推导，可以得到简便的公式来计算 S_{A}：

$$S_{\mathrm{A}} = \sum_{j=1}^{b} \frac{T_{\cdot j}^2}{a} - \frac{T_{\cdot\cdot}^2}{ab} \qquad (2\text{-}37)$$

3）误差平方和的定义为：

$$S_{\mathrm{E}} = \sum_{j=1}^{b} \sum_{i=1}^{a} (x_{ij} - \overline{x}_{\cdot j})^2 \qquad (2\text{-}38)$$

误差平方和 S_{E} 考察了全部实验值 x_{ij} 对各水平的平均值 $\overline{x}_{\cdot j}$ 之间存在的差异程度，这种差异是由随机误差引起的，故误差平方和反映了随机误差的波动所引起的实验结果间的差异。

对式（2-38）进行推导，可以得到简便的公式来计算 S_{E}：

$$S_{\mathrm{E}} = \sum_{j=1}^{b} \sum_{i=1}^{a} x_{ij}^2 - \sum_{j=1}^{b} \frac{T_{\cdot j}^2}{a} \qquad (2\text{-}39)$$

很容易推导出三种偏差平方和之间存在如下关系式：

$$S_{\mathrm{T}} = S_{\mathrm{A}} + S_{\mathrm{E}} \qquad (2\text{-}40)$$

从式（2-40）可知，造成总偏差平方和 S_{T} 的原因有两个方面，一方面是由于因素取不同水平造成的，以因素 A 的偏差平方和 S_{A} 表示；另一方面是由于随机误差的影响所造成，以误差平方和 S_{E} 表示。

对式 (2-40) 进行变换，可以得到计算误差平方和的另一个计算公式：

$$S_E = S_T - S_A \qquad\qquad (2\text{-}41)$$

（3）各偏差平方和的自由度

自由度（degree of freedom）是指偏差平方和式中独立数据的个数。上面介绍的三种偏差平方和对应的自由度分别如下：

1）因素 A 偏差平方和 S_A 的自由度为因素水平数 b 减 1，即：

$$f_A = b - 1 \qquad\qquad (2\text{-}42)$$

2）误差平方和 S_E 的自由度为实验总次数 ab 与因素水平数 b 之差，即：

$$f_E = ab - b \qquad\qquad (2\text{-}43)$$

3）总偏差平方和 S_T 的自由度为实验总次数 ab 减 1，即：

$$f_T = ab - 1 \qquad\qquad (2\text{-}44)$$

显然，上述三个自由度的关系为：

$$f_T = f_A + f_E \qquad\qquad (2\text{-}45)$$

3. 单因素实验方差分析基本步骤

对于具有 b 个水平的单因素 A，每个水平下进行 a 次独立实验，所得实验结果为 x_{ij} （$i=1, 2, \cdots, a$；$j=1, 2, \cdots, b$），实验总次数为 $n=ab$，全部实验结果见表 2-5，且相互独立。

单因素实验方差分析基本步骤如下：

（1）列出单因素实验数据计算表，见表 2-5。

单因素 A 实验数据计算表　　　　　　　　　　　　表 2-5

水平 实验值 实验号	A_1	A_2	$\cdots$	A_j	$\cdots$	A_b	合计
1	x_{11}	x_{12}	$\cdots$	x_{1j}	$\cdots$	x_{1b}	
2	x_{21}	x_{22}	$\cdots$	x_{2j}	$\cdots$	x_{2b}	
$\vdots$	$\vdots$	$\vdots$	$\vdots$	$\vdots$	$\vdots$	$\vdots$	
i	x_{i1}	x_{i2}	$\cdots$	x_{ij}	$\cdots$	x_{ib}	
$\vdots$	$\vdots$	$\vdots$	$\vdots$	$\vdots$	$\vdots$	$\vdots$	
a	x_{a1}	x_{a2}	$\cdots$	x_{aj}	$\cdots$	x_{ab}	
列和 $T._j$	$\sum\limits_{i=1}^{a} x_{i1}$	$\sum\limits_{i=1}^{a} x_{i2}$	$\cdots$	$\sum\limits_{i=1}^{a} x_{ij}$	$\cdots$	$\sum\limits_{i=1}^{a} x_{ib}$	$\sum\limits_{j=1}^{b}\sum\limits_{i=1}^{a} x_{ij}$
$(T._j)^2$	$\left(\sum\limits_{i=1}^{a} x_{i1}\right)^2$	$\left(\sum\limits_{i=1}^{a} x_{i2}\right)^2$	$\cdots$	$\left(\sum\limits_{i=1}^{a} x_{ij}\right)^2$	$\cdots$	$\left(\sum\limits_{i=1}^{a} x_{ib}\right)^2$	$\sum\limits_{j=1}^{b}\left(\sum\limits_{i=1}^{a} x_{ij}\right)^2$
$\sum\limits_{i=1}^{a} x_{ij}^2$	$\sum\limits_{i=1}^{a} x_{i1}^2$	$\sum\limits_{i=1}^{a} x_{i2}^2$	$\cdots$	$\sum\limits_{i=1}^{a} x_{ij}^2$	$\cdots$	$\sum\limits_{i=1}^{a} x_{ib}^2$	$\sum\limits_{j=1}^{b}\sum\limits_{i=1}^{a} x_{ij}^2$

（2）计算各偏差平方和 S_A，S_E，S_T。

（3）计算各偏差平方和的自由度 f_A，f_E，f_T。

（4）计算各平均偏差平方和。

因素 A 平均偏差平方和 $\overline{S}_A$ 为：

$$\overline{S}_A = \frac{S_A}{f_A} = \frac{S_A}{b-1} \tag{2-46}$$

平均误差平方和 $\overline{S}_E$ 为：

$$\overline{S}_E = \frac{S_E}{f_E} = \frac{S_E}{ab-b} \tag{2-47}$$

（5）计算 F 值及显著性检验。

1）计算 F 值。因素 A 平均偏差平方和与平均误差平方和之比，称为 F 值，即

$$F_A = \frac{\overline{S}_A}{\overline{S}_E} = \frac{S_A/f_A}{S_E/f_E} \tag{2-48}$$

2）显著性检验。根据给定的显著性水平 $\alpha = 0.05$ 和 $\alpha = 0.01$，因素 A 偏差平方和的自由度为 $n_1 = f_A = b-1$，误差平方和的自由度为 $n_2 = f_E = ab-b$，由书后附表 4 的 F 分布表，查出临界值 $F_{0.05}(f_A, f_E)$ 和 $F_{0.01}(f_A, f_E)$。

当 $F_A \leqslant F_{0.05}(f_A, f_E)$ 时，则认为因素 A 对实验结果无显著影响；

当 $F_{0.05}(f_A, f_E) < F_A \leqslant F_{0.01}(f_A, f_E)$ 时，则认为因素 A 对实验结果有一般显著影响，记为"$*$"；

当 $F_A > F_{0.01}(f_A, f_E)$ 时，则认为因素 A 对实验结果有高度显著影响，记为"$**$"。

（6）列出方差分析表。

上述分析结果列成表 2-6 的形式，称为方差分析表。

单因素实验的方差分析表 表 2-6

方差来源	偏差平方和	自由度	平均偏差平方和	F 值	临界值 $F_\alpha(n_1, n_2)$	显著性
因素 A 误差	S_A S_E	$f_A = b-1$ $f_E = ab-b$	$\overline{S}_A = S_A/(b-1)$ $\overline{S}_E = S_E/(ab-b)$	$F_A = \overline{S}_A/\overline{S}_E$	$F_\alpha(f_A, f_E)$	
总和	$S_T = S_A + S_E$	$ab-1$				

4. 对于单因素多水平实验，各水平下实验次数不相等情况

设因素 A 有 b 个水平 A_1, A_2, $\cdots$, A_j, $\cdots$, A_b，各水平下的实验次数不相等，分别为 a_1, a_2, $\cdots$, a_j, $\cdots$, a_b。在此情况下，进行单因素实验的方差分析，需要对前面各偏差平方和的计算公式和自由度做适当修改，其他计算步骤不变。

（1）修改统计量 $T._j$, $T_{..}$ 和实验总次数

1）统计量 $T._j$ 修改为：

$$T._j = \sum_{i=1}^{a_j} x_{ij}, \qquad j = 1, 2, \cdots, b \tag{2-49}$$

2）统计量 $T_{..}$ 修改为：

$$T_{..} = \sum_{j=1}^{b} \sum_{i=1}^{a_j} x_{ij} \tag{2-50}$$

3）实验总次数修改为：

$$n = a_1 + a_2 + \cdots + a_b \tag{2-51}$$

（2）修改后的各偏差平方和计算公式

1) 总偏差平方和 S_T：

$$S_T = \sum_{j=1}^{b} \sum_{i=1}^{a_j} x_{ij}^2 - \frac{T_{..}^2}{n} \qquad (2-52)$$

2) 因素 A 偏差平方和 S_A：

$$S_A = \sum_{j=1}^{b} \frac{T_{.j}^2}{a_j} - \frac{T_{..}^2}{n} \qquad (2-53)$$

3) 误差平方和 S_E：

$$S_E = \sum_{j=1}^{b} \sum_{i=1}^{a_j} x_{ij}^2 - \sum_{j=1}^{b} \frac{T_{.j}^2}{a_j} \qquad (2-54)$$

上面三种偏差平方和之间存在如下关系式：

$$S_T = S_A + S_E \qquad (2-55)$$

(3) 修改后的各偏差平方和的自由度

1) 总偏差平方和 S_T 的自由度： $\qquad f_T = n-1 \qquad (2-56)$

2) 因素 A 偏差平方和 S_A 的自由度： $\qquad f_A = b-1 \qquad (2-57)$

3) 误差平方和 S_E 的自由度： $\qquad f_E = n-b \qquad (2-58)$

上面三个自由度之间存在关系式： $\qquad f_T = f_A + f_E \qquad (2-59)$

5. 单因素实验方差分析举例

例 2-8 某一项科学实验，为了考察水中有机物含量对污水充氧值的影响，选取了水中不同含量的有机物四种，每一种都做三次实验，实验结果见表 2-7。给定显著性水平 $\alpha = 0.05$ 和 $\alpha = 0.01$，试分析水中有机物对污水充氧值有无显著的影响？

污水充氧值实验结果表   表 2-7

有机物(mg/L)	污水充氧值		
293.5	0.712	0.617	0.576
66	0.879	1.016	0.769
136.5	0.870	0.832	0.738
195	0.795	0.721	0.657

解 本例为单因素实验的方差分析，单因素为有机物，它有四种水平，在每种水平做 3 次实验。

(1) 列表计算，见表 2-8。

污水充氧值实验数据计算表   表 2-8

实验号 \ 水平 污水充氧值	293.5	66	136.5	195	合计
1	0.712	0.879	0.870	0.795	
2	0.617	1.016	0.832	0.721	
3	0.576	0.769	0.738	0.657	
列和 $T_{.j}$	1.905	2.664	2.440	2.173	9.182
$(T_{.j})^2$	3.629	7.097	5.954	4.722	21.402
$\sum_{i=1}^{3} x_{ij}^2$	1.219	2.396	1.994	1.584	7.193

从表中可得：$T_{..} = \sum_{j=1}^{4} T_{.j} = 9.182$，$\sum_{j=1}^{4} T_{.j}^2 = 21.402$，$\sum_{j=1}^{4} \sum_{i=1}^{3} x_{ij}^2 = 7.193$

（2）计算各偏差平方和 S_T，S_A，S_E

这里 $a=3$，$b=4$，实验总次数为 $ab=12$

$$S_T=\sum_{j=1}^{4}\sum_{i=1}^{3}x_{ij}^2-\frac{T_{..}^2}{12}=7.193-\frac{(9.182)^2}{12}=0.167$$

$$S_A=\sum_{j=1}^{4}\frac{T_{.j}^2}{3}-\frac{T_{..}^2}{12}=\frac{21.402}{3}-\frac{(9.182)^2}{12}=0.108$$

$$S_E=S_T-S_A=0.167-0.108=0.059$$

（3）计算各偏差平方和的自由度

S_A 的自由度为：$f_A=b-1=4-1=3$

S_E 的自由度为：$f_E=ab-b=12-4=8$

S_T 的自由度为：$f_T=ab-1=12-1=11$

（4）计算各平均偏差平方和

$$\overline{S}_A=\frac{S_A}{f_A}=\frac{0.108}{3}=0.036$$

$$\overline{S}_E=\frac{S_E}{f_E}=\frac{0.059}{8}=0.0074$$

（5）计算 F 值及显著性检验

$$F_A=\frac{\overline{S}_A}{\overline{S}_E}=\frac{0.036}{0.074}=4.865$$

根据给定显著性水平 $\alpha=0.05$ 和 $\alpha=0.01$，自由度 $n_1=f_A=3$，$n_2=f_E=8$，由书后附表 4 的 F 分布表，从表中查得临界值分别为：$F_{\alpha}(f_A,f_E)=F_{0.05}(3,8)=4.07$，$F_{0.01}(3,8)=7.59$。

F 值与临界值相互比较，可得：

$$F_{0.05}(3,8)=4.07<F_A=4.865<F_{0.01}(3,8)=7.59$$

故水中有机物对污水充氧值有一般显著影响，但不能说有高度显著影响，记为"＊"。

（6）列出方差分析表，见表 2-9。

单因素实验方差分析表　　　　　　　　　　　　　　　　　　　表 2-9

方差来源	偏差平方和	自由度	平均偏差平方和	F 值	临界值 $F_{\alpha}(n_1,n_2)$	显著性
有机物 误差	0.108 0.059	3 8	0.036 0.0074	4.865	$F_{0.05}(3,8)=4.07$，$F_{0.01}(3,8)=7.59$	＊
总和	0.167	11				

2.3.2 双因素实验的方差分析

双因素实验的方差分析（two-way analysis of variance）是讨论两个因素对实验结果影响的显著性。双因素方差分析分为两种情况，一种为双因素无重复实验的方差分析，即两个因素的各水平的每对组合只做一次实验；另一种为双因素重复实验的方差分析，即两个因素的各水平的每对组合都做 C（$C\geq2$）次实验。

1. 双因素无重复实验的方差分析

研究两个因素对实验结果的影响。设因素 A 取 p 个水平 A_1，A_2，…，A_p；因素 B

取 q 个水平 B_1，B_2，$\cdots$，B_q。对两因素的各水平的每对组合 $(A_i，B_j)$ 只做一次实验，实验结果为 x_{ij}（$i=1，2，\cdots，p$；$j=1，2，\cdots，q$）。在这里，我们假设因素 A 与因素 B 是相互独立的，不考虑交互作用。

对于任一个实验值 x_{ij}，其中 i 表示因素 A 对应的水平，j 表示因素 B 对应的水平。例如，x_{12} 表示的是在 $(A_1，B_2)$ 组合水平下的实验结果。显然实验总次数 $n=pq$，全部实验结果见表 2-10，且相互独立。

双因素无重复实验方差分析基本步骤：

（1）列出双因素无重复实验数据计算表，见表 2-10。

双因素无重复实验数据计算表 表 2-10

因素 A	因素 B			行和 $T_{i.}=\sum\limits_{j=1}^{q}x_{ij}$	行平均 $\overline{x}_{i.}=\dfrac{T_{i.}}{q}$
	$B_1 \quad \cdots \quad B_j \quad \cdots \quad B_q$				
A_1	$x_{11} \cdots x_{1j} \cdots x_{1q}$			$T_1.$	$\overline{x}_1.$
$\vdots$	$\vdots \qquad \vdots \qquad \vdots$			$\vdots$	$\vdots$
A_i	$x_{i1} \cdots x_{ij} \cdots x_{iq}$			$T_i.$	$\overline{x}_i.$
$\vdots$	$\vdots \qquad \vdots \qquad \vdots$			$\vdots$	$\vdots$
A_p	$x_{p1} \cdots x_{pj} \cdots x_{pq}$			$T_p.$	$\overline{x}_p.$
列和 $T_{.j}=\sum\limits_{i=1}^{p}x_{ij}$	$T_{.1} \quad \cdots \quad T_{.j} \quad \cdots \quad T_{.q}$			总和 $T_{..}=\sum\limits_{i=1}^{p}T_{i.}=\sum\limits_{j=1}^{q}T_{.j}$	
列平均 $\overline{x}_{.j}=\dfrac{T_{.j}}{p}$	$\overline{x}_{.1} \quad \cdots \quad \overline{x}_{.j} \quad \cdots \quad \overline{x}_{.q}$				总平均 $\overline{x}=\dfrac{T_{..}}{pq}$

介绍表 2-10 中各统计量表示的意义：

1）统计量 $T_{i.}$ 表示 A_i 水平下取得所有实验值之和，即：

$$T_{i.}=\sum_{j=1}^{q}x_{ij}，\qquad i=1,2,\cdots,p \tag{2-60}$$

在 $T_{i.}$ 上出现的小黑点"·"表示求和的结果。

统计量 $\overline{x}_{i.}$ 表示 A_i 水平下取得所有实验值的平均值，即：

$$\overline{x}_{i.}=\frac{T_{i.}}{q}=\frac{1}{q}\sum_{j=1}^{q}x_{ij}，\qquad i=1,2,\cdots,p \tag{2-61}$$

在 $\overline{x}_{i.}$ 上出现的小黑点"·"表示求和的结果，出现的一横表示求平均的结果。

2）统计量 $T_{.j}$ 表示 B_j 水平下取得所有实验值之和，即：

$$T_{.j}=\sum_{i=1}^{p}x_{ij}，\qquad j=1,2,\cdots,q \tag{2-62}$$

统计量 $\overline{x}_{.j}$ 表示 B_j 水平下取得所有实验值的平均值，即：

$$\overline{x}_{.j}=\frac{T_{.j}}{p}=\frac{1}{p}\sum_{i=1}^{p}x_{ij}，\qquad j=1,2,\cdots,q \tag{2-63}$$

3）统计量 $T_{..}$ 表示全部实验值之和，即：

$$T_{..}=\sum_{i=1}^{p}T_{i.}=\sum_{j=1}^{q}T_{.j}=\sum_{i=1}^{p}\sum_{j=1}^{q}x_{ij} \tag{2-64}$$

统计量 $\overline{x}$ 表示全部实验值的平均值，即：

$$\overline{x}=\frac{T..}{pq}=\frac{1}{pq}\sum_{i=1}^{p}\sum_{j=1}^{q}x_{ij}\tag{2-65}$$

下面计算各偏差平方和，要用到上面介绍的各统计量。读者了解了各统计量所表示的意义，才能清楚知道下面各计算公式中包含的各部分子式所表示的意义。

（2）计算各偏差平方和

在双因素无重复实验中，各实验结果之间存在差异，这种差异可用偏差平方和来表示。

1）总偏差平方和的定义为：

$$S_{T}=\sum_{i=1}^{p}\sum_{j=1}^{q}(x_{ij}-\overline{x})^2\tag{2-66}$$

总偏差平方和 S_T 是考察了全部实验值 x_{ij} 对总平均值 $\overline{x}$ 之间存在的差异程度，这种差异是由实验值 x_{ij} 取不同值引起的，故总偏差平方和反映了全部实验结果之间存在的总差异。

对式（2-66）进行推导，可得到简便的 S_T 计算公式：

$$S_{T}=\sum_{i=1}^{p}\sum_{j=1}^{q}x_{ij}^{2}-\frac{T^2..}{pq}\tag{2-67}$$

2）因素 A 偏差平方和的定义为：

$$S_{A}=\sum_{i=1}^{p}\sum_{j=1}^{q}(\overline{x}_{i.}-\overline{x})^2=q\sum_{i=1}^{p}(\overline{x}_{i.}-\overline{x})^2\tag{2-68}$$

因素 A 偏差平方和 S_A 是考察了因素 A 各水平的平均值 $\overline{x}_{i.}$ 对总平均值 $\overline{x}$ 之间存在的差异程度，这种差异是由因素 A 的不同水平及随机误差引起的，故因素 A 偏差平方和反映了因素 A 的水平变化所引起的实验结果间的差异。

对式（2-68）进行推导，可以得到简便的公式来计算 S_A：

$$S_{A}=\frac{1}{q}\sum_{i=1}^{p}T_{i}^{2}.-\frac{T^2..}{pq}\tag{2-69}$$

3）因素 B 偏差平方和的定义为：

$$S_{B}=\sum_{i=1}^{p}\sum_{j=1}^{q}(\overline{x}_{.j}-\overline{x})^2=p\sum_{j=1}^{q}(\overline{x}_{.j}-\overline{x})\tag{2-70}$$

因素 B 偏差平方和 S_B 考察了因素 B 各水平的平均值 $\overline{x}_{.j}$ 对总平均值 $\overline{x}$ 之间存在的差异程度，这种差异是由因素 B 的不同水平及随机误差引起的，故因素 B 偏差平方和反映了因素 B 的水平变化所引起的实验结果间的差异。

对式（2-70）进行推导，可以得到简便的公式来计算 S_B：

$$S_{B}=\frac{1}{p}\sum_{j=1}^{q}T_{.j}^{2}-\frac{T^2..}{pq}\tag{2-71}$$

4）误差平方和的定义为：

$$S_{E}=\sum_{i=1}^{p}\sum_{j=1}^{q}(x_{ij}-\overline{x}_{i.}-\overline{x}_{.j}+\overline{x})^2\tag{2-72}$$

误差平方和 S_E 考察了全部实验值 x_{ij} 同时对因素 A 的各水平的平均值 $\overline{x}_{i.}$ 及因素 B 的各水平的平均值 $\overline{x}_{.j}$ 之间存在的差异程度，这种差异是由随机误差引起的，故误差平方和反映了随机误差的波动所引起的实验结果间的差异。

对式（2-72）进行推导，可以得到简便的公式来计算 S_E：

$$S_E = \sum_{i=1}^{p} \sum_{j=1}^{q} x_{ij}^2 - \frac{1}{q} \sum_{i=1}^{p} T_{i\cdot}^2 - \frac{1}{p} \sum_{j=1}^{q} T_{\cdot j}^2 + \frac{T_{\cdot\cdot}^2}{pq} \qquad (2\text{-}73)$$

利用式（2-67）、式（2-69）、式（2-71）和式（2-73），很容易推导出四种偏差平方和之间存在如下关系式：

$$S_T = S_A + S_B + S_E \qquad (2\text{-}74)$$

对式（2-74）进行变换，可以得到计算误差平方和的另一个计算公式：

$$S_E = S_T - S_A - S_B \qquad (2\text{-}75)$$

（3）计算各偏差平方和的自由度

1）总偏差平方和 S_T 的自由度为：$f_T = pq - 1$ $\qquad (2\text{-}76)$

2）因素 A 偏差平方和 S_A 的自由度为：$f_A = p - 1$ $\qquad (2\text{-}77)$

3）因素 B 偏差平方和 S_B 的自由度为：$f_B = q - 1$ $\qquad (2\text{-}78)$

4）误差平方和 S_E 的自由度为：$f_E = (p-1)(q-1)$ $\qquad (2\text{-}79)$

不难验证：$\qquad\qquad\qquad f_T = f_A + f_B + f_E$ $\qquad (2\text{-}80)$

（4）计算各平均偏差平方和

$$\overline{S}_A = \frac{S_A}{f_A} = \frac{S_A}{p-1} \qquad (2\text{-}81)$$

$$\overline{S}_B = \frac{S_B}{f_B} = \frac{S_B}{q-1} \qquad (2\text{-}82)$$

$$\overline{S}_E = \frac{S_E}{f_E} = \frac{S_E}{(p-1)(q-1)} \qquad (2\text{-}83)$$

（5）计算 F 值及显著性检验

双因素方差分析的 F 值计算及显著性检验是对因素 A，B 分别进行的。

1）计算 F 值

$$F_A = \frac{\overline{S}_A}{\overline{S}_E} = \frac{S_A/f_A}{S_E/f_E} \qquad (2\text{-}84)$$

$$F_B = \frac{\overline{S}_B}{\overline{S}_E} = \frac{S_B/f_B}{S_E/f_E} \qquad (2\text{-}85)$$

2）显著性检验

检验因素 A 对实验结果影响的显著性：

根据显著性水平 $\alpha = 0.05$ 和 $\alpha = 0.01$，自由度 $n_1 = f_A$，$n_2 = f_E$，由书后附表 4 的 F 分布表，查出临界值 $F_{0.05}(f_A, f_E)$ 和 $F_{0.01}(f_A, f_E)$。

当 $F_A \leqslant F_{0.05}(f_A, f_E)$ 时，则认为因素 A 对实验结果无显著影响；

当 $F_{0.05}(f_A, f_E) < F_A \leqslant F_{0.01}(f_A, f_E)$ 时，则认为因素 A 对实验结果有一般显著影响，记为"$*$"；

当 $F_A > F_{0.01}(f_A, f_E)$ 时，则认为因素 A 对实验结果有高度显著影响，记为"$* *$"。

对因素 B 也同样进行显著性检验。

（6）列出双因素无重复实验的方差分析表（表 2-11）

双因素无重复实验方差分析表 表2-11

方差来源	偏差平方和	自由度	平均偏差平方和	F 值	临界值 $F_\alpha(n_1,n_2)$	显著性
因素 A	S_A	$f_A=p-1$	$\overline{S}_A$	F_A	$F_\alpha(f_A,f_E)$	
因素 B	S_B	$f_B=q-1$	$\overline{S}_B$	F_B	$F_\alpha(f_B,f_E)$	
误差 E	S_E	$f_E=(p-1)(q-1)$	$\overline{S}_E$			
总和	S_T	$f_T=pq-1$				

例 2-9 某大学一个科研组，考察药剂种类和反应时间对评价指标出水杂质量的影响。药剂种类取了 $p=3$ 个水平，反应时间取了 $q=3$ 个水平。对两因素的各水平的每对组合做实验，测定出水杂质量，其实验结果见表 2-12。取显著性水平 $\alpha=0.05$ 和 $\alpha=0.01$，试分析两个因素对出水杂质量影响的显著性。

出水杂质量（mg/L）实验结果表 表2-12

A（药剂种类）	B（反应时间）		
	B_1（3min）	B_2（5min）	B_3（1min）
A_1（甲）	37.8	43.1	36.4
A_2（乙）	15.3	17.4	21.6
A_3（丙）	35.7	28.4	31.6

解 （1）列表计算（见表 2-13）

实验数据计算表 表2-13

A（药剂种类）	B（反应时间）			行和 $T_i.$
	B_1	B_2	B_3	
A_1	37.8	43.1	36.4	117.3
A_2	15.3	17.4	21.6	54.3
A_3	35.7	28.4	31.6	95.7
列和 $T._j$	88.8	88.9	89.6	总和 $T_{..}=267.3$

（2）利用公式，计算各偏差平方和

$$S_T=\sum_{i=1}^{p}\sum_{j=1}^{q}x_{ij}^2-\frac{T_{..}^2}{pq}=8694.43-7938.81=755.62$$

$$S_A=\frac{1}{q}\sum_{i=1}^{p}T_{i.}^2-\frac{T_{..}^2}{pq}=8622.09-7938.81=683.28$$

$$S_B=\frac{1}{p}\sum_{j=1}^{q}T_{.j}^2-\frac{T_{..}^2}{pq}=7938.94-7938.81=0.13$$

$$S_E=S_T-S_A-S_B=755.62-683.28-0.13=72.21$$

（3）利用公式，计算各偏差平方和的自由度

S_T 的自由度为：$f_T=pq-1=3\times3-1=8$

S_A 的自由度为：$f_A=p-1=3-1=2$

S_B 的自由度为：$f_B=q-1=3-1=2$

S_E 的自由度为：$f_E=(p-1)(q-1)=2\times2=4$

（4）计算各平均偏差平方和

$$\overline{S}_A = \frac{S_A}{f_A} = \frac{683.28}{2} = 341.64$$

$$\overline{S}_B = \frac{S_B}{f_B} = \frac{0.13}{2} = 0.065$$

$$\overline{S}_E = \frac{S_E}{f_E} = \frac{72.21}{4} = 18.05$$

（5）计算 F 值及显著性检验

$$F_A = \frac{\overline{S}_A}{\overline{S}_E} = \frac{341.64}{18.05} = 18.93$$

$$F_B = \frac{\overline{S}_B}{\overline{S}_E} = \frac{0.065}{18.05} = 0.0036$$

由书后附表 4 的 F 分布表，查得临界值：

$$F_{0.01}(f_A, f_E) = F_{0.01}(2,4) = 18.00$$
$$F_{0.05}(f_B, f_E) = F_{0.05}(2,4) = 6.94$$

由于 $F_A = 18.93 > 18.00 = F_{0.01}(2,4)$，故认为因素 A 对实验结果有高度显著影响，即药剂种类对出水杂质量有高度显著影响，记为"＊＊"。

由于 $F_B = 0.0036 < 6.94 = F_{0.05}(2,4)$，故认为因素 B 对实验结果的影响不显著，即反应时间对出水杂质量的影响不显著。

从以上分析看到，两个因素对出水杂质量的影响是不相同的，应更重视药剂种类对出水杂质量的影响。

（6）列出双因素无重复实验方差分析表（见表 2-14）

无重复实验方差分析表 表 2-14

方差来源	偏差平方和	自由度	平均偏差平方和	F 值	临界值 $F_\alpha(n_1,n_2)$	显著性
因素 A（药剂种类）	683.28	2	341.64	18.93	$F_{0.01}(2,4)=18.00$	＊＊
因素 B（反应时间）	0.13	2	0.065	0.0036	$F_{0.05}(2,4)=6.94$	不显著
误差 E	72.21	4	18.05			
总和	755.62	8				

2. 双因素重复实验的方差分析

前面讨论双因素无重复实验的方差分析中，我们假设两因素是相互独立的。但是，在研究两个因素对实验结果的影响时，因素 A，B 之间有时会联合、搭配起来对实验指标产生作用，这种作用就叫交互作用。为了分析交互作用，在各水平的每对组合下重复做 C（$C \geq 2$）次实验，以提高分析的精度。

设因素 A 取 p 个水平 A_1，A_2，$\cdots$，A_p；因素 B 取 q 个水平 B_1，B_2，$\cdots$，B_q。在两因素各水平的每对组合（A_i，B_j）都做 C（$C \geq 2$）次实验，称为等重复性实验。每个实验结果记为 x_{ijk}（$i=1$，2，$\cdots$，p；$j=1$，2，$\cdots$，q；$k=1$，2，$\cdots$，c），其中 i 表示因素 A 对应的水平，j 表示因素 B 对应的水平，k 表示在水平组合（A_i，B_j）下的第 k 次实验。例如，x_{123} 表示是在水平组合（A_1，B_2）下做的第 3 次实验结果。显然实验总次数 $n = pqc$，全部实验结果

见表 2-15，且相互独立。

双因素重复实验方差分析基本步骤：

（1）列出双因素重复实验的实验结果表，见表 2-15。

双因素重复实验的实验结果表 表 2-15

因素	B_1	B_2	$\cdots$	B_q
A_1	x_{111}，x_{112}，$\cdots$，x_{11c}	x_{121}，x_{122}，$\cdots$，x_{12c}	$\cdots$	x_{1q1}，x_{1q2}，$\cdots$，x_{1qc}
A_2	x_{211}，x_{212}，$\cdots$，x_{21c}	x_{221}，x_{222}，$\cdots$，x_{22c}	$\cdots$	x_{2q1}，x_{2q2}，$\cdots$，x_{2qc}
$\vdots$	$\vdots$	$\vdots$	$\vdots$	$\vdots$
A_p	x_{p11}，x_{p12}，$\cdots$，x_{p1c}	x_{p21}，x_{p22}，$\cdots$，x_{p2c}	$\cdots$	x_{pq1}，x_{pq2}，$\cdots$，x_{pqc}

各统计量表示的意义介绍如下：

1）统计量 $T_{ij}.$ 表示在水平组合（A_i，B_j）下重复实验取得 g 个值之和，即：

$$T_{ij}. = \sum_{k=1}^{c} x_{ijk}, \qquad i=1,2,\cdots,p;\quad j=1,2,\cdots,q \tag{2-86}$$

在 $T_{ij}.$ 上出现的小黑点"·"表示求和的结果。

统计量 $\overline{x}_{ij}.$ 表示在水平组合（A_i，B_j）下重复实验取得 c 个值的平均值，即：

$$\overline{x}_{ij}. = \frac{T_{ij}.}{c} = \frac{1}{c}\sum_{k=1}^{c} x_{ijk}, \qquad i=1,2,\cdots,p;\quad j=1,2,\cdots,q \tag{2-87}$$

在 $\overline{x}_{ij}.$ 上出现的小黑点"·"表示求和的结果，出现的一横表示求平均的结果。

2）统计量 $T_i..$ 表示 A_i 水平下取得所有实验值之和，即：

$$T_i.. = \sum_{j=1}^{q} T_{ij}. = \sum_{j=1}^{q}\sum_{k=1}^{c} x_{ijk}, \qquad i=1,2,\cdots,p \tag{2-88}$$

统计量 $\overline{x}_i..$ 表示 A_i 水平下取得所有实验值的平均值，即：

$$\overline{x}_i.. = \frac{T_i..}{qc} = \frac{1}{qc}\sum_{j=1}^{q}\sum_{k=1}^{c} x_{ijk}, \qquad i=1,2,\cdots,p \tag{2-89}$$

3）统计量 $T_{.j}.$ 表示 B_j 水平下取得所有实验值之和，即：

$$T_{.j}. = \sum_{i=1}^{p} T_{ij}. = \sum_{i=1}^{p}\sum_{k=1}^{c} x_{ijk}, \qquad j=1,2,\cdots,q \tag{2-90}$$

统计量 $\overline{x}_{.j}.$ 表示 B_j 水平下取得所有实验值的平均值，即：

$$\overline{x}_{.j}. = \frac{T_{.j}.}{pc} = \frac{1}{pc}\sum_{i=1}^{p}\sum_{k=1}^{c} x_{ijk}, \qquad j=1,2,\cdots,q \tag{2-91}$$

4）统计量 $T...$ 表示全部实验值之和，即：

$$T... = \sum_{i=1}^{p} T_i.. = \sum_{j=1}^{q} T_{.j}. = \sum_{i=1}^{p}\sum_{j=1}^{q}\sum_{k=1}^{c} x_{ijk} \tag{2-92}$$

统计量 $\overline{x}$ 表示全部实验值的平均值，即：

$$\overline{x} = \frac{T...}{pqc} = \frac{1}{pqc}\sum_{i=1}^{p}\sum_{j=1}^{q}\sum_{k=1}^{c} x_{ijk} \tag{2-93}$$

下面计算各偏差平方和，要用到上面介绍的各统计量。

（2）计算各偏差平方和

在双因素重复实验中，各实验结果之间存在差异，这种差异可用偏差平方和来表示。

1）总偏差平方和的定义为：

$$S_T = \sum_{i=1}^{p} \sum_{j=1}^{q} \sum_{k=1}^{c} (x_{ijk} - \overline{x})^2 \tag{2-94}$$

总偏差平方和 S_T 考察了全部实验值 x_{ijk} 对总平均值 $\overline{x}$ 之间存在的差异程度，这种差异是由实验值 x_{ijk} 取不同值引起的，故总偏差平方和反映了全部实验结果之间存在的总差异。

式（2-94）经推导和化简，可得到简便 S_T 的计算公式：

$$S_T = \sum_{i=1}^{p} \sum_{j=1}^{q} \sum_{k=1}^{c} x_{ijk}^2 - \frac{T_{\cdots}^2}{pqc} \tag{2-95}$$

2）因素 A 偏差平方和的定义为：

$$S_A = \sum_{i=1}^{p} \sum_{j=1}^{q} \sum_{k=1}^{c} (\overline{x}_i.. - \overline{x})^2 = qc \sum_{i=1}^{p} (\overline{x}_i.. - \overline{x})^2 \tag{2-96}$$

因素 A 偏差平方和 S_A 考察了因素 A 的各水平的平均值 $\overline{x}_i..$ 对总平均值 $\overline{x}$ 之间存在的差异程度，这种差异是由因素 A 的不同水平及随机误差引起的，故因素 A 偏差平方和反映了因素 A 的水平变化所引起的实验结果间的差异。

对式（2-96）进行推导，可以得到简便的公式来计算 S_A：

$$S_A = \frac{1}{qc} \sum_{i=1}^{p} T_i^2.. - \frac{T_{\cdots}^2}{pqc} \tag{2-97}$$

3）因素 B 偏差平方和的定义为：

$$S_B = \sum_{i=1}^{p} \sum_{j=1}^{q} \sum_{k=1}^{c} (\overline{x}._j. - \overline{x})^2 = pc \sum_{j=1}^{q} (\overline{x}._j. - \overline{x})^2 \tag{2-98}$$

因素 B 偏差平方和 S_B 考察了因素 B 各水平的平均值 $\overline{x}._j.$ 对总平均值 $\overline{x}$ 之间存在的差异程度，这种差异是由因素 B 的不同水平及随机误差引起的，故因素 B 偏差平方和反映了因素 B 的水平变化所引起的实验结果间的差异。

式（2-98）经推导和化简，可得到简便的 S_B 计算公式：

$$S_B = \frac{1}{pc} \sum_{j=1}^{q} T_{\cdot j \cdot}^2 - \frac{T_{\cdots}^2}{pqc} \tag{2-99}$$

4）误差平方和的定义为：

$$S_E = \sum_{i=1}^{p} \sum_{j=1}^{q} \sum_{k=1}^{c} (x_{ijk} - \overline{x}_{ij.})^2 \tag{2-100}$$

误差平方和 S_E 考察了全部实验值 x_{ijk} 对重复实验平均值 $\overline{x}_{ij}.$ 之间存在的差异程度，这种差异是由随机误差引起的，故误差平方和反映了随机误差的波动所引起的实验结果间的差异。

式（2-100）经推导和化简，可得到简便的 S_E 计算公式：

$$S_E = \sum_{i=1}^{p} \sum_{j=1}^{q} \sum_{k=1}^{c} x_{ijk}^2 - \frac{1}{c} \sum_{i=1}^{p} \sum_{j=1}^{q} T_{ij.}^2 \tag{2-101}$$

5）当有两个因素 A 与 B 时，因素 A 对实验结果的影响与因素 B 所取的水平有关，而因素 B 对实验结果的影响也与因素 A 所取的水平有关，也就是说，因素 A 与 B 不仅各自对实验结果有影响，而且它们的不同水平的搭配对实验结果也有影响，这种影响称作因素 A 与 B 的交互作用，记作 $A \times B$。

交互作用偏差平方和的定义为：

$$S_{A \times B} = \sum_{i=1}^{p} \sum_{j=1}^{q} \sum_{k=1}^{c} (\overline{x}_{ij \cdot} - \overline{x}_{i \cdot \cdot} - \overline{x}_{\cdot j \cdot} + \overline{x})^2 \qquad (2\text{-}102)$$

交互作用偏差平方和 $S_{A \times B}$，同时考察了全部重复实验平均值 $\overline{x}_{ij \cdot}$ 对因素 A 各水平的平均值 $\overline{x}_{i \cdot \cdot}$ 和因素 B 各水平的平均值 $\overline{x}_{\cdot j \cdot}$ 之间存在的差异程度，这种差异是由因素 A 与 B 不同水平的搭配产生的交互作用引起的，故交互作用偏差平方和反映了因素 A 与 B 不同水平的搭配产生的交互作用所引起的实验结果间的差异。

式（2-102）经推导和化简，可得到简便的 $S_{A \times B}$ 计算公式：

$$S_{A \times B} = \frac{1}{c} \sum_{i=1}^{p} \sum_{j=1}^{q} T_{ij \cdot}^2 - \frac{1}{qc} \sum_{i=1}^{p} T_{i \cdot \cdot}^2 - \frac{1}{pc} \sum_{j=1}^{q} T_{\cdot j \cdot}^2 + \frac{T_{\cdots}^2}{pqc} \qquad (2\text{-}103)$$

利用式（2-95）、式（2-97）、式（2-99）、式（2-101）和式（2-103），很容易推导出五种偏差平方和之间存在如下关系式：

$$S_T = S_A + S_B + S_E + S_{A \times B} \qquad (2\text{-}104)$$

对式（2-104）进行变换，可以得到计算交互作用偏差平方和 $S_{A \times B}$ 的另一个计算公式：

$$S_{A \times B} = S_T - S_A - S_B - S_E \qquad (2\text{-}105)$$

（3）计算各偏差平方和的自由度

1）总偏差平方和 S_T 的自由度为： $f_T = n - 1 = pqc - 1 \qquad (2\text{-}106)$

2）因素 A 偏差平方和 S_A 的自由度为： $f_A = p - 1 \qquad (2\text{-}107)$

3）因素 B 偏差平方和 S_B 的自由度为： $f_B = q - 1 \qquad (2\text{-}108)$

4）误差平方和 S_E 的自由度为： $f_E = pq(c - 1) \qquad (2\text{-}109)$

5）交互作用偏差平方和 $S_{A \times B}$ 的自由度为：

$$f_{A \times B} = f_A \times f_B = (p - 1)(q - 1) \qquad (2\text{-}110)$$

不难验证： $f_T = f_A + f_B + f_E + f_{A \times B} \qquad (2\text{-}111)$

（4）计算各平均偏差平方和

$$\overline{S}_A = \frac{S_A}{f_A} = \frac{S_A}{p - 1} \qquad (2\text{-}112)$$

$$\overline{S}_B = \frac{S_B}{f_B} = \frac{S_B}{q - 1} \qquad (2\text{-}113)$$

$$\overline{S}_E = \frac{S_E}{f_E} = \frac{S_E}{pq(c - 1)} \qquad (2\text{-}114)$$

$$\overline{S}_{A \times B} = \frac{S_{A \times B}}{f_{A \times B}} = \frac{S_{A \times B}}{(p - 1)(q - 1)} \qquad (2\text{-}115)$$

（5）计算 F 值及显著性检验

1）计算 F 值

$$F_A = \frac{\overline{S}_A}{\overline{S}_E} = \frac{S_A / f_A}{S_E / f_E} \qquad (2\text{-}116)$$

$$F_B = \frac{\overline{S}_B}{\overline{S}_E} = \frac{S_B / f_B}{S_E / f_E} \qquad (2\text{-}117)$$

$$F_{A \times B} = \frac{\overline{S}_{A \times B}}{\overline{S}_E} = \frac{S_{A \times B}/f_{A \times B}}{S_E/f_E} \qquad (2\text{-}118)$$

2）显著性检验

检验因素 A 对实验结果影响的显著性：

根据显著性水平 $\alpha = 0.05$ 和 $\alpha = 0.01$，自由度 $n_1 = f_A$，$n_2 = f_E$，由书后附表 4 的 F 分布表，查得临界值 $F_{0.05}(f_A, f_E)$ 和 $F_{0.01}(f_A, f_E)$。

当 $F_A \leqslant F_{0.05}(f_A, f_E)$ 时，则认为因素 A 对实验结果无显著影响；

当 $F_{0.05}(f_A, f_E) < F_A \leqslant F_{0.01}(f_A, f_E)$ 时，则认为因素 A 对实验结果有一般显著影响，记为"＊"；

当 $F_A > F_{0.01}(f_A, f_E)$ 时，则认为因素 A 对实验结果有高度显著影响，记为"＊＊"。

对因素 B，交互作用 $A \times B$ 也同样进行显著性检验。

（6）列出双因素重复实验的方差分析表（见表 2-16）

双因素重复实验的方差分析表　　表 2-16

方差来源	偏差平方和	自由度	平均偏差平方和	F 值	临界值 $F_\alpha(n_1, n_2)$	显著性
因素 A	S_A	$f_A = p-1$	$\overline{S}_A$	F_A	$F_\alpha(f_A, f_E)$	
因素 B	S_B	$f_B = q-1$	$\overline{S}_B$	F_B	$F_\alpha(f_B, f_E)$	
交互作用 $A \times B$	$S_{A \times B}$	$f_{A \times B} = (p-1)(q-1)$	$\overline{S}_{A \times B}$	$F_{A \times B}$	$F_\alpha(f_{A \times B}, f_E)$	
误差 E	S_E	$f_E = pq(c-1)$	$\overline{S}_E$			
总和	S_T	$f_T = pqc-1$				

例 2-10　某一项科学实验，用三种投药量（A_1，A_2，A_3）和三种反应时间（B_1，B_2，B_3）相互组合，组成 9 个实验，每个实验都做两次，得到出水浊度，见表 2-17 所示。取显著性水平 $\alpha = 0.01$，试分析投药量与反应时间以及它们的交互作用对出水浊度影响的显著性。

出水浊度实验结果表　　表 2-17

因素 A（投药量）	因素 B（反应时间）					
	B_1		B_2		B_3	
A_1	0.75	0.76	0.35	0.40	0.45	0.50
A_2	0.65	0.60	0.80	0.72	0.65	0.67
A_3	0.85	0.80	0.90	0.91	0.85	0.83

解　（1）列出实验数据计算表（见表 2-18）。

实验数据计算表　　表 2-18

因素 A（投药量）	因素 B（反应时间）			行和 $T_i..$
	B_1	B_2	B_3	
A_1	0.75　0.76	0.35　0.40	0.45　0.50	3.21
	1.51	0.75	0.95	

因素 A (投药量)	因素 B(反应时间)			行和 $T_i..$
	B_1	B_2	B_3	
A_2	0.65 0.60	0.80 0.72	0.65 0.67	4.09
	1.25	1.52	1.32	
A_3	0.85 0.80	0.90 0.91	0.85 0.83	5.14
	1.65	1.81	1.68	
列和 $T.j.$	4.41	4.08	3.95	$T...=12.44$ (全部实验值之和)

（2）利用公式，计算各偏差平方和

$$S_T = \sum_{i=1}^{p} \sum_{j=1}^{q} \sum_{k=1}^{c} x_{ijk}^2 - \frac{T^2...}{pqc} = 9.0994 - 8.5974 = 0.5020$$

$$S_A = \frac{1}{qc} \sum_{i=1}^{p} T_{i..}^2 - \frac{T^2...}{pqc} = 8.9086 - 8.5974 = 0.3112$$

$$S_B = \frac{1}{pc} \sum_{j=1}^{q} T_{.j.}^2 - \frac{T^2...}{pqc} = 8.6162 - 8.5974 = 0.0188$$

$$S_E = \sum_{i=1}^{p} \sum_{j=1}^{q} \sum_{k=1}^{c} x_{ijk}^2 - \frac{1}{c} \sum_{i=1}^{p} \sum_{j=1}^{q} T_{ij.}^2 = 9.0994 - 9.0907 = 0.0087$$

$$S_{A \times B} = S_T - S_A - S_B - S_E = 0.1633$$

（3）利用公式，计算各偏差平方和的自由度

S_T 的自由度为：$f_T = pqc - 1 = 3 \times 3 \times 2 - 1 = 17$

S_A 的自由度为：$f_A = p - 1 = 3 - 1 = 2$

S_B 的自由度为：$f_B = q - 1 = 3 - 1 = 2$

S_E 的自由度为：$f_E = pq(c-1) = 3 \times 3(2-1) = 9$

$S_{A \times B}$ 的自由度为：$f_{A \times B} = (p-1)(q-1) = (3-1) \times (3-1) = 4$

（4）计算各平均偏差平方和

$$\overline{S}_A = \frac{S_A}{f_A} = \frac{0.3112}{2} = 0.1556$$

$$\overline{S}_B = \frac{S_B}{f_B} = \frac{0.0188}{2} = 0.0094$$

$$\overline{S}_E = \frac{S_E}{f_E} = \frac{0.0087}{9} = 0.0010$$

$$\overline{S}_{A \times B} = \frac{S_{A \times B}}{f_{A \times B}} = \frac{0.1633}{4} = 0.0408$$

（5）计算 F 值及显著性检验

1）计算各 F 值

$$F_A = \frac{\overline{S_A}}{\overline{S_E}} = \frac{0.1556}{0.0010} = 155.6$$

$$F_B = \frac{\overline{S_B}}{\overline{S_E}} = \frac{0.0094}{0.0010} = 9.4$$

$$F_{A \times B} = \frac{\overline{S_{A \times B}}}{\overline{S_E}} = \frac{0.0408}{0.0010} = 40.8$$

2）显著性检验

给定显著性水平 $\alpha = 0.01$，由书后附表 4 中的（2）的 F 分布表，查得临界值：

$$F_{0.01}(f_A, f_E) = F_{0.01}(2,9) = 8.02$$
$$F_{0.01}(f_B, f_E) = F_{0.01}(2,9) = 8.02$$
$$F_{0.01}(f_{A \times B}, f_E) = F_{0.01}(4,9) = 6.42$$

F 值与临界值相比较，可得：

$$F_A = 155.6 > 8.02 = F_{0.01}(2,9)$$
$$F_B = 9.4 > 8.02 = F_{0.01}(2,9)$$
$$F_{A \times B} = 40.8 > 6.42 = F_{0.01}(4,9)$$

上面三个 F 值都大于临界值，这说明因素 A（投药量）、因素 B（反应时间），以及因素 A 与 B 的交互作用 $A \times B$ 对出水浊度都有高度显著影响，记为"＊＊"。

（6）列出双因素重复实验方差分析表（见表 2-19）

双因素重复实验方差分析表   表 2-19

方差来源	偏差平方和	自由度	平均偏差平方和	F 值	临界值 $F_\alpha(n_1, n_2)$	显著性
因素 A（投药量）	0.3112	2	0.1556	155.6	$F_{0.01}(2,9) = 8.02$	＊＊
因素 B（反应时间）	0.0188	2	0.0094	9.4	$F_{0.01}(2,9) = 8.02$	＊＊
交互作用 $A \times B$	0.1633	4	0.0408	40.8	$F_{0.01}(4,9) = 6.42$	＊＊
误差 E	0.0087	9	0.0010			
总和	0.5020	17				

2.4　正交实验设计结果的方差分析

正交实验设计结果的直观分析，优点是简单、直观、计算量小，容易理解，但因缺乏对实验数据的数理统计分析，有时难以得出确切的结论，不能准确地分析出各实验因素对实验结果影响的重要程度。如果对正交实验设计结果的分析，使用方差分析，虽然计算量大一些，但却可以克服上述缺点，因而在科研和生产中广泛使用正交实验设计结果的方差分析。

对于正交实验设计结果的方差分析，其计算步骤与前面介绍的单因素和双因素的方差分析是一致的，也是先计算各因素和误差的偏差平方和，然后求出自由度、平均偏差平方和、F 值，最后对因素进行显著性检验。

正交实验设计结果的方差分析，一般常遇到以下两种类型：

（1）无重复正交实验的方差分析；

（2）重复正交实验的方差分析。

这两种类型在实际上都有重要应用，下面分别论述。

2.4.1 无重复正交实验的方差分析

1. 使用符号的介绍

正交实验的方差分析，常使用下列符号：

a 表示正交表中的列出现同一水平（或数字）数；

b 表示正交表中的列出现不同水平（或数字）数，也表示实验因素的水平数；

n 表示正交表中出现不同号实验数（即正交表中行数），且有 $n=ab$；

m 表示正交表中的直列数；

y_i 表示实验结果，$i=1$，2，…，n；

K_{ij} 表示正交表的第 j 列第 i 水平的水平效应值，它为同水平实验结果之和；

$\overline{K}_{ij}$ 表示正交表的第 j 列第 i 水平的水平效应均值，有 $\overline{K}_{ij}=\dfrac{K_{ij}}{a}$。

2. 使用统计量的介绍

常使用统计量计算公式如下：

1）实验结果的总和：
$$T=\sum_{i=1}^{n} y_i \tag{2-119}$$

2）实验结果的平均值：
$$\overline{y}=\frac{1}{n}\sum_{i=1}^{n} y_i \tag{2-120}$$

3）P 统计量：
$$P=\frac{1}{n}\left(\sum_{i=1}^{n} y_i\right)^2=\frac{T^2}{n} \tag{2-121}$$

4）Q_j 统计量：
$$Q_j=\frac{1}{a}\sum_{i=1}^{b} K_{ij}^2, \qquad j=1,2,\cdots,m \tag{2-122}$$

5）W 统计量：
$$W=\sum_{i=1}^{n} y_i^2 \tag{2-123}$$

下面介绍的各偏差平方和的计算公式，要用到上面这些统计量。

3. 无重复正交实验方差分析的基本步骤

正交实验方差分析的基本步骤分为以下几步：

（1）计算正交表各列中的各水平对应实验结果之和 K_{ij}（称为水平效应值），计算全部实验结果之和 T，填入正交表中。

（2）计算各偏差平方和

1）总偏差平方和 S_T 的定义为：
$$S_T=\sum_{i=1}^{n}(y_i-\overline{y})^2 \tag{2-124}$$

总偏差平方和 S_T 是反映了实验结果的总差异。实验结果差异的原因，一是由因素水平的变化所引起，二是由实验误差，因此差异是不可避免的。

式（2-124）经推导和化简，可得到总偏差平方和的计算公式：
$$S_T=\sum_{i=1}^{n} y_i^2-\frac{T^2}{n}=W-P \tag{2-125}$$

2）各因素引起的偏差平方和

首先引入正交表第 j 列的列偏差平方和 S_j 的定义为：

$$S_j = \sum_{i=1}^{b} a(\overline{K}_{ij} - \overline{y})^2 = \sum_{i=1}^{b} a\left(\frac{K_{ij}}{a} - \overline{y}\right)^2 \tag{2-126}$$

列偏差平方和 S_j 是反映列的水平变动所引起实验结果的差异。

式（2-126）经推导和化简，可得到第 j 列的列偏差平方和的计算公式：

$$S_j = \frac{1}{a} \sum_{i=1}^{b} K_{ij}^2 - \frac{T^2}{n} = Q_j - P \tag{2-127}$$

对于二个水平正交实验，计算正交表中的列偏差平方和有简化公式：

$$S_j = \frac{(K_{1j} - K_{2j})^2}{n} \tag{2-128}$$

在正交实验中，若将因素 A 排在正交表的第 j 列上，则此因素 A 的偏差平方和 S_A 就是第 j 列的列偏差平方和，即：

$$S_A = S_j \tag{2-129}$$

因此，要计算某因素的偏差平方和，只要把该因素所在列的偏差平方和计算出来即可。

3）交互作用的偏差平方和

在正交实验设计时，交互作用作为因素看待，同样需要计算交互作用的偏差平方和。交互作用在正交表中占有几列，其偏差平方和就等于所占各列的偏差平方和之和。例如，设交互作用 $A \times B$ 在正交表中占有两列，则交互作用的偏差平方和等于这两列偏差平方和之和，即：

$$S_{A \times B} = S_{(A \times B)_1} + S_{(A \times B)_2} \tag{2-130}$$

4）误差平方和计算方法

在正交表上，进行表头设计时，一般要求留有空白列，即误差列。所以误差平方和 S_E 的计算方法是：正交表中所有空白列所对应的偏差平方和之和作为误差平方和，即

$$S_E = \sum S_空 \tag{2-131}$$

$S_空$ 表示正交表上某空白列的偏差平方和，且有 $S_空 = Q_{空列} - P$

在无重复正交实验中，总偏差平方和还满足下列关系式：

$$S_T = \sum_{j=1}^{m} S_j = \sum S_因 + \sum S_交 + \sum S_空 \tag{2-132}$$

其中 $S_因$ 表示某因素的偏差平方和，$S_交$ 表示某两个因素间的交互作用的偏差平方和。

从而有误差平方和的另一种计算方法：

$$S_E = S_T - (\sum S_因 + \sum S_交) \tag{2-133}$$

（3）计算各偏差平方和的自由度

1）总偏差平方和的自由度为正交表中出现不同号实验数 n 减 1，即：

$$f_T = n - 1 \tag{2-134}$$

2）正交表第 j 列偏差平方和 S_j 对应的自由度 f_j 为该列水平数 b 减 1；若将该列安排因素 A，因素 A 的偏差平方和对应的自由度 f_A 就是 f_j，则有：

$$f_A = f_j = b - 1 \tag{2-135}$$

3）交互作用偏差平方和的自由度

两个因素交互作用的偏差平方和对应的自由度有两种计算方法，一是等于两个因素各自偏差平方和对应的自由度之乘积，例如：

$$f_{A \times B} = f_A \times f_B \tag{2-136}$$

二是等于交互作用所占各列的偏差平方和所对应的自由度之和。

4）误差平方和的自由度

误差平方和 S_E 的自由度 f_E 等于表中所有空白列的偏差平方和所对应的自由度之和，即有：

$$f_E = \sum f_{空} \tag{2-137}$$

$f_{空}$ 表示某空白列的偏差平方和对应的自由度。

在无重复正交实验中，自由度之间有如下关系式成立：

$$f_T = \sum_{j=1}^{m} f_j = \sum f_{因} + \sum f_{交} + f_E \tag{2-138}$$

其中 $f_{因}$ 表示某因素偏差平方和的自由度，$f_{交}$ 表示某两因素的交互作用偏差平方和的自由度。从而有误差平方和的自由度 f_E 的另一种计算方法：

$$f_E = f_T - \sum f_{因} - \sum f_{交} \tag{2-139}$$

（4）计算各平均偏差平方和

以因素 A 为例，因素 A 的平均偏差平方和为：

$$\overline{S}_A = \frac{S_A}{f_A} \tag{2-140}$$

以 $A \times B$ 为例，交互作用的平均偏差平方和为：

$$\overline{S}_{A \times B} = \frac{S_{A \times B}}{f_{A \times B}} \tag{2-141}$$

平均误差平方和为：

$$\overline{S}_E = \frac{S_E}{f_E} \tag{2-142}$$

注释：计算完平均偏差平方和后，如果某因素或交互作用的平均偏差平方和小于或等于平均误差平方和，说明它们对实验结果影响不大，为次要因素，则应将它们的偏差平方和归入误差平方和，构成新的误差平方和 $S_{E^{\triangle}}$，此时误差的平方和、自由度和平均误差平方和都会发生变化，具体方法参考例 2-12。这就是，给出的某因素或交互作用的偏差平方和归入误差平方和的规则。

（5）计算 F 值

将各因素或交互作用的平均偏差平方和除以平均误差平方和，得到 F 值。例如：因素 A 和交互作用 $A \times B$ 的 F 值分别为：

$$F_A = \frac{\overline{S}_A}{\overline{S}_E} \tag{2-143}$$

$$F_{A \times B} = \frac{\overline{S}_{A \times B}}{\overline{S}_E} \tag{2-144}$$

（6）显著性检验

检验因素 A 对实验结果影响的显著性：

根据显著性水平 $\alpha=0.05$ 和 $\alpha=0.01$，自由度 $n_1=f_A$，$n_2=f_E$，由书后附表 4 的 F 分布表，查出临界值 $F_{0.05}(f_A, f_E)$ 和 $F_{0.01}(f_A, f_E)$。比较 F 值与临界值的大小。

当 $F_A \leqslant F_{0.05}(f_A, f_E)$ 时，则认为因素 A 对实验结果无显著影响；

当 $F_{0.05}(f_A, f_E) < F_A \leqslant F_{0.01}(f_A, f_E)$ 时，则认为因素 A 对实验结果有一般显著影响，记为"＊"；

当 $F_A > F_{0.01}(f_A, f_E)$ 时，则认为因素 A 对实验结果有高度显著影响，记为"＊＊"。

对其他因素，交互作用 $A \times B$ 等也同样进行显著性检验。

一般来说，F 值与临界值之间的差距越大，说明该因素或交互作用对实验结果的影响越显著，或者说该因素或交互作用越重要。

最后将方差分析结果列在方差分析表中。

（7）排出实验因素的主次顺序，确定出优实验方案

F 值越大所对应的因素越重要。利用 F 值的大小，排出实验因素的主次顺序。

2.4.2 无重复正交实验方差分析的应用

通过两个实例，说明无重复正交实验方差分析的应用。

例 2-11 为了提高污水中某种物质的转化率（％），考察 A，B，C，D 四个因素，每个因素取两个水平，并考虑因素 A 与 B 间的交互作用 $A \times B$。取显著性水平 $\alpha=0.05$ 和 $\alpha=0.01$，试进行正交实验结果的方差分析。

解 （1）列出实验方案及实验结果计算表，见表 2-20

实验方案及实验结果计算表　　　　　　　　　　　　　表 2-20

实验号 \ 列号因素	1 A	2 B	3 $A \times B$	4 C	5 误差列	6 误差列	7 D	转化率 y_i(%)	y_i^2
1	1(A_1)	1(B_1)	1	1(C_1)	1	1	1(D_1)	86	7396
2	1	1	1	2(C_2)	2	2	2(D_2)	95	9025
3	1	2(B_2)	2	1	1	2	2	91	8281
4	1	2	2	2	2	1	1	94	8836
5	2(A_2)	1	2	1	2	1	2	91	8281
6	2	1	2	2	1	2	1	96	9216
7	2	2	1	1	2	2	1	83	6889
8	2	2	1	2	1	1	2	88	7744
K_{1j} K_{2j}	366 358	368 356	352 372	351 373	361 363	359 365	359 365	$T=724$	$W=65668$

本实验要考虑 4 个因素和交互作用 $A \times B$，交互作用在正交表中占有相应的列，这样因素和交互作用总共占 5 列，每个因素取两个水平，做了 $n=8$ 次实验，所以选择正交表 $L_8(2^7)$。考察的指标是转化率（越高越好）。根据 $L_8(2^7)$ 的交互作用列表进行表头设计。表头设计，实验方案，实验结果及其计算出的各水平效应值 K_{ij}，见表 2-20。

（2）计算各偏差平方和

1）总偏差平方和

利用公式（2-125），可得总偏差平方和 S_T：

$$S_T = W - P = \sum_{i=1}^{n} y_i^2 - \frac{T^2}{n} = 65668 - \frac{1}{8}(724)^2 = 146$$

2）各因素和交互作用的偏差平方和

对于二个水平的正交实验，由公式（2-128），可得正交表中各列的偏差平方和：

$$S_j = \frac{(K_{1j} - K_{2j})^2}{8}$$

交互作用作为因素看待，在正交表中占有相应的列，同样需要计算交互作用在正交表中占有相应列的偏差平方和。再根据因素偏差平方和与正交表列偏差平方和间的关系式（2-129），可得到下面各计算结果：

$$S_A = S_1 = \frac{1}{8}(K_{11} - K_{21})^2 = \frac{1}{8}(366 - 358)^2 = 8$$

$$S_B = S_2 = \frac{1}{8}(368 - 356)^2 = 18$$

$$S_{A \times B} = S_3 = \frac{1}{8}(352 - 372)^2 = 50$$

$$S_C = S_4 = \frac{1}{8}(351 - 373)^2 = 60.5$$

$$S_D = S_7 = \frac{1}{8}(359 - 365)^2 = 4.5$$

3）计算误差平方和

$$S_E = S_T - (\sum S_{因} + \sum S_{交})$$

$$= 146 - (8 + 18 + 60.5 + 4.5 + 50) = 5$$

还可以用另一种方法算出 S_E：

$$S_E = \sum S_{误差列} = S_5 + S_6$$

$$= \frac{1}{8}(361 - 363)^2 + \frac{1}{8}(359 - 365)^2 = 5$$

（3）计算各偏差平方和的自由度

S_T 的自由度为：　　　　　　　　　$f_T = n - 1 = 8 - 1 = 7$

S_A，S_B，S_C，S_D 的自由度为：$f_A = f_B = f_C = f_D = b - 1 = 2 - 1 = 1$

$S_{A \times B}$ 的自由度为：　　　　　　　$f_{A \times B} = f_A \times f_B = 1 \times 1 = 1$

S_E 的自由度为：　　　　　　　　　$f_E = f_T - (\sum f_{因} + \sum f_{交}) = 7 - 5 = 2$

（4）计算各平均偏差平方和

$$\overline{S}_A = \frac{S_A}{f_A} = \frac{8}{1} = 8, \qquad \overline{S}_B = \frac{S_B}{f_B} = \frac{18}{1} = 18$$

$$\overline{S}_{A \times B} = \frac{S_{A \times B}}{f_{A \times B}} = \frac{50}{1} = 50, \qquad \overline{S}_C = \frac{S_C}{f_C} = \frac{60.5}{1} = 60.5$$

$$\overline{S}_D = \frac{S_D}{f_D} = \frac{4.5}{1} = 4.5, \qquad \overline{S}_E = \frac{S_E}{f_E} = \frac{5}{2} = 2.5$$

（5）计算 F 值

$$F_A = \frac{\overline{S}_A}{\overline{S}_E} = \frac{8}{2.5} = 3.2, \qquad F_B = \frac{\overline{S}_B}{\overline{S}_E} = \frac{18}{2.5} = 7.2$$

$$F_{A \times B} = \frac{\overline{S}_{A \times B}}{\overline{S}_E} = \frac{50}{2.5} = 20.0, \quad F_C = \frac{\overline{S}_C}{\overline{S}_E} = \frac{60.5}{2.5} = 24.2$$

$$F_D = \frac{\overline{S}_D}{\overline{S}_E} = \frac{4.5}{2.5} = 1.8$$

（6）显著性检验

给定显著性水平 $\alpha = 0.05$ 和 $\alpha = 0.01$，各因素和交互作用的自由度为：$n_1 = f_A = f_B = f_C = f_D = f_{A \times B} = 1$，误差的自由度为：$n_2 = f_E = 2$，查书后附表 4 的 F 分布表，得临界值 $F_{0.05}(1, 2) = 18.51$，$F_{0.01}(1, 2) = 98.50$。

由 $F_A < F_{0.05}(1, 2)$，$F_B < F_{0.05}(1, 2)$，$F_D < F_{0.05}(1, 2)$，可得因素 A，B，D 对实验结果的影响不显著；

由 $F_{0.05}(1, 2) < F_{A \times B} \leqslant F_{0.01}(1, 2)$，$F_{0.05}(1, 2) < F_C \leqslant F_{0.01}(1, 2)$，可得交互作用 $A \times B$，因素 C 对实验结果都有一般显著影响，记为"＊"。

最后将以上分析结果列出方差分析表，见表 2-21。

方差分析表　　　　　　　　　　　表 2-21

方差来源	偏差平方和	自由度	平均偏差平方和	F 值	临界值 $F_\alpha(n_1, n_2)$	显著性
A	$S_A = 8$	1	$\overline{S}_A = 8$	$F_A = 3.2$	$F_{0.05}(1, 2) = 18.51$	不显著
B	$S_B = 18$	1	$\overline{S}_B = 18$	$F_B = 7.2$	$F_{0.05}(1, 2) = 18.51$	不显著
$A \times B$	$S_{A \times B} = 50$	1	$\overline{S}_{A \times B} = 50$	$F_{A \times B} = 20.0$	$F_{0.05}(1, 2) = 18.51, F_{0.01}(1, 2) = 98.50$	＊
C	$S_C = 60.5$	1	$\overline{S}_C = 60.5$	$F_C = 24.2$	$F_{0.05}(1, 2) = 18.51, F_{0.01}(1, 2) = 98.50$	＊
D	$S_D = 4.5$	1	$\overline{S}_D = 4.5$	$F_D = 1.8$	$F_{0.05}(1, 2) = 18.51$	不显著
误差 E	$S_E = 5$	2	$\overline{S}_E = 2.5$			
总和	$S_T = 146$	7				

（7）排出实验因素的主次顺序和确定出优实验方案

1）排出实验因素的主次顺序

F 值越大所对应的因素越重要。从表 2-21 中 F 值的大小，排出实验因素的主次顺序为：

$$C \rightarrow A \times B \rightarrow B \rightarrow A \rightarrow D$$

2）确定出优实验方案

交互作用 $A\times B$ 对指标转化率影响显著，就是说因素 A 和 B 不同水平搭配对指标影响较大。为了确定因素 A 和 B 好的水平搭配，列出因素水平搭配效果表，见表 2-22。表中各值为因素 A，B 不同水平搭配的平均结果值。

因素水平搭配效果表

表 2-22

B ＼ A	A_1	A_2
B_1	$\dfrac{86+95}{2}=90.5$	$\dfrac{91+96}{2}=93.5$
B_2	$\dfrac{91+94}{2}=92.5$	$\dfrac{83+88}{2}=85.5$

由表 2-22 看出，A_2B_1 搭配平均转化率最高，所以因素 A 和 B 之间优的水平搭配为 A_2B_1。

通过表 2-20，比较因素 C 列中的水平效应值 K_{1C}、K_{2C}，越大越好，可确定因素 C 优的水平为 C_2；同理可确定因素 D 优的水平为 D_2。因此，在考虑交互作用的情况下，最后确定出优实验方案为：$A_2B_1C_2D_2$。

下面讲解是一个交互作用占两列的正交实验的例子，如何应用正交实验方差分析法。

例 2-12 为提高清除水中杂质量，进行正交实验，考察 A，B，C 三个因素，每个因素取三个水平，并考虑因素间的交互作用 $A\times B$，$A\times C$，$B\times C$。取显著性水平 $\alpha=0.05$ 和 $\alpha=0.01$，试进行正交实验结果的方差分析。

解 （1）列出实验方案和计算实验结果

本实验要考虑 3 个因素和 3 种交互作用，且每种交互作用占两列，这样因素和交互作用在正交表中总共占 9 列，所以选择正交表 $L_{27}(3^{13})$。根据 $L_{27}(3^{13})$ 的交互作用列表进行表头设计。表头设计（第 9，10，12，13 列为空列，未在表中列出）、实验方案、实验结果及其计算出的各水平效应值 K_{ij}，见表 2-23。

实验方案及实验结果计算表

表 2-23

实验号 ＼ 列号 因素	1	2	3	4	5	6	7	8	11	杂质量
	A	B	$(A\times B)_1$	$(A\times B)_2$	C	$(A\times C)_1$	$(A\times C)_2$	$(B\times C)_1$	$(B\times C)_2$	y_i (kg)
1	1(A_1)	1(B_1)	1	1	1(C_1)	1	1	1	1	1.30
2	1	1	1	1	2(C_2)	2	2	2	2	4.63
3	1	1	1	1	3(C_3)	3	3	3	3	7.23
4	1	2(B_2)	2	2	1	1	1	2	3	0.50
5	1	2	2	2	2	2	2	3	1	3.67
6	1	2	2	2	3	3	3	1	2	6.23
7	1	3(B_3)	3	3	1	1	1	3	2	1.37
8	1	3	3	3	2	2	2	1	3	4.73
9	1	3	3	3	3	3	3	2	1	7.07
10	2(A_2)	1	2	3	1	2	3	1	1	0.47
11	2	1	2	3	2	3	1	2	2	3.47
12	2	1	2	3	3	1	2	3	3	6.13
13	2	2	3	1	1	2	3	2	3	0.33
14	2	2	3	1	2	3	1	3	1	3.40

列号 因素 实验号	1 A	2 B	3 $(A\times B)_1$	4 $(A\times B)_2$	5 C	6 $(A\times C)_1$	7 $(A\times C)_2$	8 $(B\times C)_1$	11 $(B\times C)_2$	杂质量 y_i(kg)
15	2	2	3	1	3	1	2	1	2	5.80
16	2	3	1	2	1	2	3	3	2	0.63
17	2	3	1	2	2	3	1	1	3	3.97
18	2	3	1	2	3	1	2	2	1	6.50
19	3(A_3)	1	3	2	1	3	2	1	1	0.03
20	3	1	3	2	2	1	3	2	2	3.40
21	3	1	3	2	3	2	1	3	3	6.80
22	3	2	1	3	1	3	2	3	3	0.57
23	3	2	1	3	2	1	3	1	1	3.97
24	3	2	1	3	3	2	1	1	2	6.83
25	3	3	2	1	1	3	2	3	2	1.07
26	3	3	2	1	2	1	3	1	3	3.97
27	3	3	2	1	3	2	1	2	1	6.57
K_{1j}	36.73	33.46	35.63	34.30	6.27	32.94	34.21	33.33	32.98	总和
K_{2j}	30.70	31.30	32.08	31.73	35.21	34.66	33.13	33.04	33.43	$T=$
K_{3j}	33.21	35.88	32.93	34.61	59.16	33.04	33.30	34.27	34.23	100.64

（2）计算各列与各因素的偏差平方和

由公式（2-127），可得正交表各列的偏差平方和：

$$S_j=Q_j-P=\frac{K_{1j}^2+K_{2j}^2+K_{3j}^2}{9}-\frac{T^2}{27}, \qquad j=1,2,\cdots,13$$

交互作用作为因素看待，在正交表中占有相应的列，同样需要计算交互作用在正交表中占有相应列的偏差平方和。再根据因素偏差平方和与正交表列偏差平方和间的关系式（2-129），以及表 2-23 中计算出的数据 K_{ij}、T，可得到下面各计算结果：

$$S_A=S_1=\frac{36.73^2+30.70^2+33.21^2}{9}-\frac{100.64^2}{27}=377.17-375.13=2.04$$

$$S_B=S_2=\frac{33.46^2+31.30^2+35.88^2}{9}-\frac{100.64^2}{27}=376.29-375.13=1.16$$

$$S_{(A\times B)_1}=S_3=\frac{35.63^2+32.08^2+32.93^2}{9}-\frac{100.64^2}{27}=375.89-375.13=0.76$$

$$S_{(A\times B)_2}=S_4=\frac{34.30^2+31.73^2+34.61^2}{9}-\frac{100.64^2}{27}=375.68-375.13=0.55$$

$$S_C=S_5=\frac{6.27^2+35.21^2+59.16^2}{9}-\frac{100.64^2}{27}=531.00-375.13=155.87$$

$$S_{(A\times C)_1}=S_6=\frac{32.94^2+34.66^2+33.04^2}{9}-\frac{100.64^2}{27}=375.33-375.13=0.20$$

$$S_{(A\times C)_2}=S_7=\frac{34.21^2+33.13^2+33.30^2}{9}-\frac{100.64^2}{27}=375.20-375.13=0.07$$

$$S_{(B\times C)_1}=S_8=\frac{33.33^2+33.04^2+34.27^2}{9}-\frac{100.64^2}{27}=375.22-375.13=0.09$$

$$S_{(B\times C)_2}=S_{11}=\frac{32.98^2+33.43^2+34.23^2}{9}-\frac{100.64^2}{27}=375.22-375.13=0.09$$

（3）计算各交互作用的偏差平方和

$$S_{A\times B}=S_{(A\times B)_1}+S_{(A\times B)_2}=0.76+0.55=1.31$$

$$S_{A\times C}=S_{(A\times C)_1}+S_{(A\times C)_2}=0.20+0.07=0.27$$

$$S_{B\times C}=S_{(B\times C)_1}+S_{(B\times C)_2}=0.09+0.09=0.18$$

（4）计算总偏差平方和

利用前面的公式（2-125），可得总偏差平方和 S_T：

$$S_T=W-P=\sum_{i=1}^{27}y_i^2-\frac{T^2}{n}$$

$$=(1.30^2+4.63^2+\cdots+6.57^2)-\frac{100.64^2}{27}=536.33-375.13=161.20$$

（5）计算误差平方和

误差平方和不用所有空列的偏差平方和之和来估计，而用总偏差平方和减去所有因素与交互作用的偏差平方和来计算，即：

$$S_E=S_T-(S_A+S_B+S_C+S_{(A\times B)}+S_{(A\times C)}+S_{(B\times C)})$$

$$=161.20-(2.04+1.16+155.87+1.31+0.27+0.18)=0.37$$

（6）计算各偏差平方和的自由度

S_A，S_B，S_C 的自由度为：$f_A=f_B=f_C=b-1=3-1=2$

$S_{A\times B}$，$S_{A\times C}$，$S_{B\times C}$ 的自由度为：

$$f_{A\times B}=f_A\times f_B=2\times2=4$$

$$f_{A\times C}=2\times2=4$$

$$f_{B\times C}=2\times2=4$$

S_T 的自由度为：$\quad f_T=n-1=27-1=26$

S_E 的自由度为：$\quad f_E=f_T-(\sum f_因+\sum f_交)=26-18=8$

（7）计算各平均偏差平方和

$$\overline{S}_A=\frac{S_A}{f_A}=\frac{2.04}{2}=1.02,\qquad \overline{S}_B=\frac{S_B}{f_B}=\frac{1.16}{2}=0.58$$

$$\overline{S}_C=\frac{S_C}{f_C}=\frac{155.87}{2}=77.94,\qquad \overline{S}_{A\times B}=\frac{S_{A\times B}}{f_{A\times B}}=\frac{1.31}{4}=0.33$$

$$\overline{S}_{A\times C}=\frac{S_{A\times C}}{f_{A\times C}}=\frac{0.27}{4}=0.068,\qquad \overline{S}_{B\times C}=\frac{S_{B\times C}}{f_{B\times C}}=\frac{0.18}{4}=0.045$$

$$\overline{S}_E=\frac{S_E}{f_E}=\frac{0.37}{8}=0.046$$

计算到这里，我们发现 $\overline{S}_{B\times C}$ 不大于 $\overline{S}_E$，这说明交互作用 $B\times C$ 对实验结果的影响较小，可以将 $S_{B\times C}$ 归入误差平方和 S_E，此时的误差平方和、自由度及平均误差平方和都随之发生变化，即：

新误差平方和：$\quad S_{E^\Delta}=S_E+S_{B\times C}=0.37+0.18=0.55$

新误差平方和的自由度：$\quad f_{E^\Delta}=f_E+f_{B\times C}=8+4=12$

新平均误差平方和：$\quad \overline{S}_{E^\Delta}=\frac{S_{E^\Delta}}{f_{E^\Delta}}=\frac{0.55}{12}=0.046$

(8) 计算 F 值

$$F_A = \frac{\overline{S}_A}{\overline{S}_{E^\triangle}} = \frac{1.02}{0.046} = 22.17, \qquad F_B = \frac{\overline{S}_B}{\overline{S}_{E^\triangle}} = \frac{0.58}{0.046} = 12.61$$

$$F_C = \frac{\overline{S}_C}{\overline{S}_{E^\triangle}} = \frac{77.94}{0.046} = 1694.35, \qquad F_{A\times B} = \frac{\overline{S}_{A\times B}}{\overline{S}_{E^\triangle}} = \frac{0.33}{0.046} = 7.17$$

$$F_{A\times C} = \frac{\overline{S}_{A\times C}}{\overline{S}_{E^\triangle}} = \frac{0.068}{0.046} = 1.48$$

因为交互作用 $B \times C$ 已经并入误差平方和，所以就不需要计算它对应的 F 值。

(9) 方差分析表和显著性检验

方差分析表

表 2-24

方差来源	偏差平方和	自由度	平均偏差平方和	F 值	临界值 $F_\alpha(n_1, n_2)$	显著性
因素 A	2.04	2	1.02	22.17	$F_{0.01}(2,12)=6.93$	* *
因素 B	1.16	2	0.58	12.61	$F_{0.01}(2,12)=6.93$	* *
因素 C	155.87	2	77.94	1694.35	$F_{0.01}(2,12)=6.93$	* *
$A\times B$	1.31	4	0.33	7.17	$F_{0.01}(4,12)=5.41$	* *
$A\times C$	0.27	4	0.068	1.48	$F_{0.05}(4,12)=3.26$	不显著
$B\times C$ 误差 E $\left.\right\}E^\triangle$	$\left.\begin{array}{c}0.18\\0.37\end{array}\right\}0.55$	$\left.\begin{array}{c}4\\8\end{array}\right\}12$	0.046			
总和	161.20	26				

给定显著性水平 $\alpha=0.05$ 和 $\alpha=0.01$，及因素 A，B，C 和交互作用的自由度 n_1，误差的自由度 n_2，由书后的 F 分布表，查出临界值 $F_{0.05}(4, 12)=3.26$，$F_{0.01}(2, 12)=6.93$，$F_{0.01}(4, 12)=5.41$。

显著性检验：因为 $F_A > F_{0.01}(2, 12)$，$F_B > F_{0.01}(2, 12)$，$F_C > F_{0.01}(2, 12)$，还有 $F_{A\times B} > F_{0.01}(4, 12)$，所以因素 A，B，C 及交互作用 $A \times B$ 对实验结果都有高度显著影响，记为 "* *"。

因为 $F_{A\times C} < F_{0.05}(4, 12)$，所以交互作用 $A \times C$ 对实验结果的影响不显著。

最后将以上分析结果列出方差分析表，见表 2-24。

(10) 排出实验因素的主次顺序，确定出优实验方案

1) 排出实验因素的主次顺序

排出因素的主次顺序，应包括作为因素的交互作用。F 值越大所对应的因素越重要。从表 2-24 中 F 值的大小，排出实验因素的主次顺序为：

$$C \rightarrow A \rightarrow B \rightarrow A \times B \rightarrow A \times C$$

2) 确定出优实验方案

交互作用 $A \times B$ 对实验指标高度显著，所以确定因素 A 和 B 优的水平，应该按因素 A，B 各水平搭配对实验结果的影响来确定。列出因素水平搭配效果表，见表 2-25。表中的各值为 A，B 不同水平搭配的平均结果值，比如在 A_1 与 B_1 两水平的搭配 $A_1 B_1$ 条件下，共做了 3 次实验，实验结果见表 2-23 中列出的杂质量 y_i，其平均结果值为：

$$\frac{1.30 + 4.63 + 7.23}{3} = 4.387$$

因素 A 与 B 水平搭配平均结果值的效果表　　　　　　　　　　表 2-25

B \ A	A_1	A_2	A_3
B_1	4.387	3.357	3.410
B_2	3.467	3.177	3.790
B_3	4.390	3.700	3.870

从表 2-25 看出，A_1B_3 搭配的平均结果值 4.390 最大，所以因素 A 和 B 之间优的水平搭配为 A_1B_3。从表 2-23 中，可分析出因素 C 优的水平为 C_3。由此，在考虑交互作用的情况下，确定出优实验方案为：$A_1B_3C_3$。

本例题由于交互作用占了两列，用直观分析法分析交互作用对实验结果影响的程度，有些困难，方差分析法就显示了它的作用。正交实验的方差分析法可以准确地分析出各实验因素及交互作用对实验结果影响的重要程度。

在无重复正交实验的方差分析，其误差平方和等于正交表中所有空白列的偏差平方和之和。当正交表各列全被实验因素及要考虑的交互作用占满，即没有空白列时，误差平方和 $S_E = 0$。此时，若一定要对实验数据进行方差分析，一种方法是在已计算的各因素的偏差平方和中，选取几个最小的偏差平方和近似代替误差平方和，同时，这几个因素不再作显著性检验。另一种方法是进行有重复实验后，按有重复实验的方差分析法进行分析，具体方法参考例 2-13。

2.4.3　重复正交实验的方差分析

重复实验就是对每个实验重复多次，这样能很好地估计实验误差。重复正交实验的方差分析与无重复正交实验的方差分析基本相同，不再详细叙述，有以下几点应注意。

（1）将重复实验结果（指标值）y_{it}（$i = 1, 2, \cdots, n$；$t = 1, 2, \cdots, c$）均列入正交表中的实验结果栏内，并计算第 i 号实验重复 c 次的实验结果之和 y_i，也列入实验结果栏内，计算公式为：

$$y_i = \sum_{t=1}^{c} y_{it} \tag{2-145}$$

在这里，y_i 表示做第 i 号实验重复 c 次的实验结果之和；

c 表示做第 i 号实验重复次数；

y_{it} 表示第 i 号实验第 t 次重复的实验结果。

（2）要用式（2-145）计算出重复的实验结果之和值 y_i，用和值 y_i 来计算正交表中第 j 列的各水平效应值 K_{1j}，K_{2j}，$\cdots$，K_{bj}。

在下面用到的符号，先说明如下：实验总次数为正交表中出现不同号实验数 n（即正交表中行数）与同一号实验的重复次数 c 之积，即 nc；同一水平的实验次数为 ac，a 为正交表中的列出现同一水平（或数字）次数；b 表示列的水平数或实验因素的水平数。

（3）有关统计量计算公式要更改为：

1）实验结果的总和：　　　　　$$T = \sum_{i=1}^{n} \sum_{t=1}^{c} y_{it} \tag{2-146}$$

2）P 统计量：　　　　　$$P = \frac{1}{nc} \left(\sum_{i=1}^{n} \sum_{t=1}^{c} y_{it} \right)^2 = \frac{T^2}{nc} \tag{2-147}$$

3) Q_j 统计量：
$$Q_j = \frac{1}{ac} \sum_{i=1}^{b} K_{ij}^2 \qquad (2\text{-}148)$$

4) W 统计量：
$$W = \sum_{i=1}^{n} \sum_{t=1}^{c} y_{it}^2 \qquad (2\text{-}149)$$

5) G 统计量：
$$G = \frac{1}{c} \sum_{i=1}^{n} \left(\sum_{t=1}^{c} y_{it} \right)^2 \qquad (2\text{-}150)$$

下面介绍的各偏差平方和的计算公式，要用到上面这些统计量。

（4）计算总偏差平方和 S_T 及自由度 f_T，有如下变化：
$$S_T = W - P = \sum_{i=1}^{n} \sum_{t=1}^{c} y_{it}^2 - \frac{T^2}{nc} \qquad (2\text{-}151)$$

$$f_T = nc - 1 \qquad (2\text{-}152)$$

（5）计算各因素和交互作用的偏差平方和及对应的自由度

1) 计算列偏差平方和公式，有如下变化：
$$S_j = Q_j - P = \frac{1}{ac} \sum_{i=1}^{b} K_{ij}^2 - \frac{T^2}{nc} \qquad (2\text{-}153)$$

2) 二个水平重复正交实验，计算正交表中的列偏差平方和有简化公式：
$$S_j = \frac{(K_{1j} - K_{2j})^2}{nc} \qquad (2\text{-}154)$$

3) 若将因素 A 排在正交表的第 j 列上，则因素 A 的偏差平方和 S_A 就是第 j 列的列偏差平方和 S_j，即：
$$S_A = S_j \qquad (2\text{-}155)$$

因素 A 的偏差平方和 S_A 对应的自由度 f_A 就是第 j 列对应的自由度 f_j，则有
$$f_A = f_j = b - 1 \qquad (2\text{-}156)$$

4) 交互作用的偏差平方和仍是它所占各列的偏差平方和之和。例如，设交互作用 $A \times B$ 在正交表中占有 2 列，则：
$$S_{A \times B} = S_{(A \times B)_1} + S_{(A \times B)_2} \qquad (2\text{-}157)$$

两因素交互作用的偏差平方和对应的自由度仍是两个因素各自偏差平方和对应的自由度之乘积，例如：
$$f_{A \times B} = f_A \times f_B \qquad (2\text{-}158)$$

（6）误差平方和计算公式及自由度

有重复实验的误差平方和 S_E 是由 S_{E_1} 和 S_{E_2} 两部分组成。S_{E_1} 是实验过程中各种干扰引起的实验误差的估计。由于无重复正交实验中的误差平方和是指此类误差平方和，故叫第一类误差平方和，用 S_{E_1} 表示。S_{E_2} 是同一号实验进行重复实验引起的实验误差的估计，称为第二类误差平方和，用 S_{E_2} 表示。

把两类误差平方和合并，作为整个实验误差平方和 S_E 的估计，就有：
$$S_E = S_{E_1} + S_{E_2} \qquad (2\text{-}159)$$

整个实验误差平方和 S_E 的自由度 f_E 等于 S_{E_1} 的自由度 f_{E_1} 与 S_{E_2} 的自由度 f_{E_2} 的和，即：

$$f_E = f_{E_1} + f_{E_2} \tag{2-160}$$

第一类误差平方和 S_{E_1} 等于表中所有空白列所对应的偏差平方和之和，即：

$$S_{E_1} = \sum S_{空} \tag{2-161}$$

第一类误差平方和的自由度等于表中所有空白列的偏差平方和所对应的自由度之和，即：

$$f_{E_1} = \sum f_{空} \tag{2-162}$$

第二类误差平方和的计算公式：

$$S_{E_2} = W - G = \sum_{i=1}^{n} \sum_{t=1}^{c} y_{it}^2 - \frac{1}{c} \sum_{i=1}^{n} \left(\sum_{t=1}^{c} y_{it} \right)^2 \tag{2-163}$$

第二类误差平方的自由度为：

$$f_{E_2} = n(c-1) \tag{2-164}$$

在有重复实验中，正交表各列均排满因素，没有空白列，从而无法得到第一类误差平方和的估计，对于这种情况，可以用第二类误差平方和 S_{E_2} 作为整个实验误差平方和 S_E 的估计。当某因素或交互作用的平均偏差平方和小于或等于平均误差平方和时，则应将它们的偏差平方和归入误差平方和，构成新的误差平方和 $S_{E^\triangle}$，具体方法参考例 2-13。

有重复正交实验，总偏差平方和 S_T 还满足下面关系式：

$$S_T = \sum_{j=1}^{m} S_j + S_{E_2} = \sum S_{因} + \sum S_{交} + \sum S_{空} + S_{E_2} \tag{2-165}$$

从上式可得到另一种计算 S_{E_2} 的方法：

$$S_{E_2} = S_T - \sum S_{因} - \sum S_{交} - \sum S_{空} \tag{2-166}$$

有重复正交实验，总自由度 f_T 还满足下面关系式：

$$f_T = \sum_{j=1}^{m} f_j + f_{E_2} = \sum f_{因} + \sum f_{交} + \sum f_{空} + f_{E_2} \tag{2-167}$$

从上式可得到另一种计算 f_{E_2} 的方法：

$$f_{E_2} = f_T - \sum f_{因} - \sum f_{交} - \sum f_{空} \tag{2-168}$$

公式（2-165）、公式（2-167）用来检验整个计算的正确性，而公式（2-166）、公式（2-168）可用来计算第二类误差平方和 S_{E_2} 及其自由度 f_{E_2}。

下面举例说明有重复实验的正交实验设计结果的方差分析。

例 2-13 为了确定实验因素有机物、风量、水温和设备类型对污水充氧值的影响，进行了重复实验，每个实验重复一次。实验设计方案与实验结果见表 2-26，表中 y_{i1}，y_{i2} 表示第 i 号实验重复两次的实验结果。取显著性水平 $\alpha = 0.05$ 和 $\alpha = 0.01$，试用方差分析法，检验各实验因素对实验结果影响的显著性。

解 （1）实验结果计算

计算出第 i 号实验重复两次的实验结果之和 y_i，列入实验结果栏内，计算公式为 $y_i = y_{i1} + y_{i2}$。利用重复实验结果之和值 y_i，计算表 2-26 各列中的各水平效应值 K_{ij}。例如，计算表中 K_{11}，则有：

$$K_{11} = y_1 + y_2 + y_3 = 1.497 + 1.170 + 1.133 = 3.800$$

实验方案 \ 因素 \ 实验号	A 有机物 (mg/L)	B 风量 (m³/h)	C 温度 (℃)	D 设备类型	实验结果		和值 y_i
					y_{i1}	y_{i2}	$y_i = y_{i1} + y_{i2}$
1	1(293.5)	1(0.1)	1(15)	1(微)	0.712	0.785	1.497
2	1	2(0.3)	2(25)	2(大)	0.617	0.553	1.170
3	1	3(0.2)	3(35)	3(中)	0.576	0.557	1.133
4	2(66)	1	2	3	0.879	0.690	1.569
5	2	2	3	1	1.016	1.028	2.044
6	2	3	1	2	0.769	0.872	1.641
7	3(136.5)	1	3	2	0.870	0.891	1.761
8	3	2	1	3	0.832	0.683	1.515
9	3	3	2	1	0.738	0.964	1.702
K_{1j}	3.800	4.827	4.653	5.243			
K_{2j}	5.254	4.729	4.441	4.572		$T = \sum y_i = 14.032$	
K_{3j}	4.978	4.476	4.938	4.217			

（2）计算各偏差平方和

由公式（2-153），可得正交表各列的偏差平方和：

$$S_j = Q_j - P = \frac{K_{1j}^2 + K_{2j}^2 + K_{3j}^2}{6} - \frac{T^2}{18}, \qquad j = 1, 2, 3, 4$$

再根据因素偏差平方和与正交表列偏差平方和的关系式（2-155），可得到下面各因素偏差平方和为：

$$S_A = S_1 = \frac{3.800^2 + 5.254^2 + 4.978^2}{6} - \frac{14.032^2}{18} = 0.199$$

$$S_B = S_2 = \frac{4.827^2 + 4.729^2 + 4.476^2}{6} - \frac{14.032^2}{18} = 0.011$$

$$S_C = S_3 = \frac{4.653^2 + 4.441^2 + 4.938^2}{6} - \frac{14.032^2}{18} = 0.020$$

$$S_D = S_4 = \frac{5.243^2 + 4.572^2 + 4.217^2}{6} - \frac{14.032^2}{18} = 0.090$$

利用公式（2-163），可得第二类误差平方和（重复实验误差）为：

$$S_{E_2} = W - G = \sum_{i=1}^{9} \sum_{t=1}^{2} y_{it}^2 - \frac{1}{2} \sum_{i=1}^{9} (\sum_{t=1}^{2} y_{it})^2 = 11.325 - 11.260 = 0.065$$

本例中，正交表各列排满因素，没有空白列，不能利用空白列计算出第一类误差平方和 S_{E_1}（各种干扰引起的实验误差），此时利用第二类误差平方和 S_{E_2} 代替整个实验误差平方和，即有：

$$S_E = S_{E_2} = 0.065$$

总偏差平方和为：

$$S_T = S_A + S_B + S_C + S_D + S_E = 0.385$$

（3）计算各偏差平方和的自由度

总偏差平方和 S_T 的自由度为：　　$f_T = nc - 1 = 9 \times 2 - 1 = 17$

各因素偏差平方和的自由度为：$\quad f_A = f_B = f_C = f_D = b-1 = 3-1 = 2$

误差平方和 S_E 的自由度为：$\quad f_E = f_{E_2} = n(c-1) = 9 \times (2-1) = 9$

（4）计算各平均偏差平方和

$$\overline{S}_A = \frac{S_A}{f_A} = \frac{0.199}{2} = 0.0995$$

$$\overline{S}_B = \frac{S_B}{f_B} = \frac{0.011}{2} = 0.0055$$

$$\overline{S}_C = \frac{S_C}{f_C} = \frac{0.020}{2} = 0.0100$$

$$\overline{S}_D = \frac{S_D}{f_D} = \frac{0.090}{2} = 0.0450$$

$$\overline{S}_E = \frac{S_E}{f_E} = \frac{0.065}{9} = 0.0072$$

由于 $\overline{S}_B \leqslant \overline{S}_E$，这说明因素 B 对实验结果的影响较小，为次要因素，可以将 S_B 归入误差平方和 S_E，此时误差的平方和、自由度及平均误差平方和都会随之发生变化，即：

新误差平方和：$S_{E^\triangle} = S_E + S_B = 0.065 + 0.011 = 0.076$

新误差平方和的自由度：$f_{E^\triangle} = f_E + f_B = 9 + 2 = 11$

新平均误差平方和：$\quad \overline{S}_{E^\triangle} = \frac{S_{E^\triangle}}{f_{E^\triangle}} = \frac{0.076}{11} = 0.0069$

（5）计算 F 值

计算因素 A，C，D 的 F 值：

$$F_A = \frac{\overline{S}_A}{\overline{S}_{E^\triangle}} = \frac{0.0995}{0.0069} = 14.42$$

$$F_C = \frac{\overline{S}_C}{\overline{S}_{E^\triangle}} = \frac{0.0100}{0.0069} = 1.45$$

$$F_D = \frac{\overline{S}_D}{\overline{S}_{E^\triangle}} = \frac{0.0450}{0.0069} = 6.52$$

（6）显著性检验

根据各因素的自由度 $n_1 = f_A = f_C = f_D = 2$，误差的自由度 $n_2 = f_{E^\triangle} = 11$，显著性水平 $\alpha = 0.05$，$\alpha = 0.01$，查书后附表 4 的 F 分布表，可得到临界值为：$F_{0.05}(2, 11) = 3.98$，$F_{0.01}(2, 11) = 7.21$。

F 值与临界相互比较，可得：

$F_A > F_{0.01}(2, 11)$，$F_C < F_{0.05}(2, 11)$，$F_{0.05}(2, 11) < F_D \leqslant F_{0.01}(2, 11)$，故因素 A（有机物）为高度显著性因素，记为 "$**$"；因素 C（水温）为不显著性因素；因素 D（设备）为一般显著性因素，记为 "$*$"；因素 B（风量）是次要因素，为不显著性因素，对实验结果影响较小。

根据上述分析结果，列出方差分析表，见表 2-27。

方差来源	偏差平方和	自由度	平均偏差平方和	F 值	临界值 $F_\alpha(n_1, n_2)$	显著性
A（有机物）	0.199	2	0.0995	14.42	$F_{0.01}(2,11)=7.21$	* *
C（水温）	0.020	2	0.0100	1.45	$F_{0.05}(2,11)=3.98$	不显著
D（设备）	0.090	2	0.0450	6.52	$F_{0.05}(2,11)=3.98$	*
B（风量）$\}$ 误差 $E^\triangle$ 误差 E	$\left.\begin{matrix}0.011\\0.065\end{matrix}\right\}$ 0.076	$\left.\begin{matrix}2\\9\end{matrix}\right\}$ 11	0.0069			
总和	0.385	17				

（7）排出实验因素的主次顺序和确定出优实验方案

1）排出实验因素的主次顺序

F 值越大所对应的因素越重要。从表 2-27 中 F 值的大小，排出实验因素的主次顺序为：

$$A \rightarrow D \rightarrow C$$

2）确定出优实验方案

通过表 2-26，比较因素 A 列中的水平效应值 K_{1A}、K_{2A}、K_{3A}，越大越好，可确定因素 A 优的水平为 A_2；同理可确定因素 B 优的水平为 B_1；因素 C 优的水平为 C_3；因素 D 优的水平为 D_1。因此，确定出优实验方案为：

$$A_2 B_1 C_3 D_1$$

2.5　实验数据的回归分析

在生产过程和科学实验中所遇到的变量之间的关系，一般来说可分为两种类型：

一种类型是确定性关系，这种关系是指变量之间的关系可以用函数关系来表达，当自变量取定一个确定的值的时候，因变量（函数）也随着取得一个确定的值。例如，自由落体的距离与时间关系为 $S = \dfrac{1}{2} g t^2$，当知道自变量时间 t 的一个值，就可精确地确定出因变量距离 S 的一个确定的值。

另一种类型是非确定性关系，即相关关系。在实际问题和科学实验中，变量之间的相关关系是普遍存在的。例如，人的血压与年龄之间存在某种关系，一般来说，年龄越大，血压就要高一些，但这种关系不能用一个函数关系来表达，因为同龄人的血压往往不相同，它们之间关系是一种相关关系。又例如家庭的收入与支出，商品的价格与销售量之间关系也是如此。一些变量间虽存在密切的关系，但是又不能由一个（或几个）变量的数值精确地求出另一个变量的值，变量之间的这种关系就是相关关系。

回归分析（regression analysis）正是处理变量间相关关系的有力工具。它不仅提供了建立变量间关系的数学表达式（通常称为经验公式）的一般方法，而且还可以进行分析，从而能判明所建立这经验公式的有效性，以及如何利用经验公式达到预测与控制的目的。因而回归分析得到广泛的应用。

本节重点介绍一元线性回归分析，一元非线性回归分析，二元线性回归分析。

2.5.1 实验数据的一元线性回归分析

在科学实验中，会遇到研究一个随机变量与另一个普通变量之间的相关关系。研究这种一个随机变量同另一个普通变量之间相关关系的主要方法是一元回归分析。以下我们重点讨论一元线性回归分析（linear regression analysis）。

1. 建立一元线性回归方程

设随机变量 y 与普通自变量 x 之间存在线性相关关系，可以近似表示为一元线性函数 $y=a+bx$，那么就可以通过实验数据 (x_i, y_i) $(i=1, 2, \cdots, n)$，用最小二乘法求出待定参数 a，b 的估计值 $\hat{a}$，$\hat{b}$。

最小二乘法的基本思想和原理是这样的：

设 (x_1, y_1)，(x_2, y_2)，$\cdots$，(x_n, y_n) 是一组有 n 个实验点（实验数据）。在直角坐标系中描出相应的点，这种图称为散点图。如果从图上看出这些点大体上在一条直线的两侧附近，这表明 y 与 x 存在某种线性相关的关系，可配置一元线性函数：

$$y=a+bx \tag{2-169}$$

为了使配置的一元线性函数 $y=a+bx$ 所画的直线 l，最接近已知的 n 个实验点，通常用偏差平方和：

$$Q(a,b)=\sum_{i=1}^{n}\left[y_i-(a+bx_i)\right]^2 \tag{2-170}$$

作为度量一条直线 l 与这 n 个实验点接近程度的评价指标，用它反映 n 个实验点对直线 l 的总偏离程度，这里 a，b 为待定参数。显然，只有 $Q(a, b)$ 的值取到最小值时，配置的直线 l 与 n 个实验点拟合程度才最好，确定出估计值 $\hat{a}$ 和 $\hat{b}$ 才是我们所需要的。

为使 $Q(a, b)$ 取到最小值，可使用高等数学中的最小二乘法，建立偏导数方程组，解此方程组，即可得到待定参数 a 和 b 的估计值 $\hat{a}$ 和 $\hat{b}$（详细推导过程略）。可以验证 $\hat{a}$，$\hat{b}$ 能使 $Q(a, b)$ 取得最小值，从而它们分别是 a，b 的最好估计值，进而得到一元线性函数 $y=a+bx$ 的最好估计式：

$$\hat{y}=\hat{a}+\hat{b}x \tag{2-171}$$

式（2-171）称为 y 对 x 的一元线性回归方程，它的图形是一条直线，称为回归直线；$\hat{y}$ 是对应自变量 x 代入回归方程求得的值，称为回归值；$\hat{a}$ 称为截距；$\hat{b}$ 称为回归系数。

建立一元线性回归方程基本步骤如下：

（1）将变量 x 与 y 的实验数据及所需计算填入表 2-28

一元线性回归实验数据计算表　　　　　　表 2-28

实验号	x_i	y_i	x_i^2	y_i^2	$x_i y_i$
1	x_1	y_1	x_1^2	y_1^2	$x_1 y_1$
2	x_2	y_2	x_2^2	y_2^2	$x_2 y_2$
$\vdots$	$\vdots$	$\vdots$	$\vdots$	$\vdots$	$\vdots$
n	x_n	y_n	x_n^2	y_n^2	$x_n y_n$
Σ	$\sum\limits_{i=1}^{n}x_i$	$\sum\limits_{i=1}^{n}y_i$	$\sum\limits_{i=1}^{n}x_i^2$	$\sum\limits_{i=1}^{n}y_i^2$	$\sum\limits_{i=1}^{n}x_i y_i$
平均值 Σ/n	$\bar{x}$	$\bar{y}$			

（2）利用公式计算出 3 个偏差平方和：L_{xy}，L_{xx}，L_{yy}

为了计算上的方便，引入 3 个偏差平方和，下面介绍它们的定义和计算公式。

1）偏差平方和 L_{xy} 的定义为：

$$L_{xy} = \sum_{i=1}^{n}(x_i - \overline{x})(y_i - \overline{y}) \tag{2-172}$$

式（2-172）经推导和化简，可得到简便的 L_{xy} 的计算公式：

$$L_{xy} = \sum_{i=1}^{n} x_i y_i - \frac{1}{n}\left(\sum_{i=1}^{n} x_i\right)\left(\sum_{i=1}^{n} y_i\right) \tag{2-173}$$

2）偏差平方和 L_{xx} 的定义为：

$$L_{xx} = \sum_{i=1}^{n}(x_i - \overline{x})^2 \tag{2-174}$$

式（2-174）经推导和化简，可得到简便的 L_{xx} 的计算公式：

$$L_{xx} = \sum_{i=1}^{n} x_i^2 - \frac{1}{n}\left(\sum_{i=1}^{n} x_i\right)^2 \tag{2-175}$$

3）偏差平方和 L_{yy} 的定义为：

$$L_{yy} = \sum_{i=1}^{n}(y_i - \overline{y})^2 \tag{2-176}$$

式（2-176）经推导和化简，可得到简便的 L_{yy} 的计算公式：

$$L_{yy} = \sum_{i=1}^{n} y_i^2 - \frac{1}{n}\left(\sum_{i=1}^{n} y_i\right)^2 \tag{2-177}$$

（3）利用公式计算出待定参数 b，a 的估计值 $\hat{b}$，$\hat{a}$，并建立一元线性回归方程式

估计值 $\hat{b}$，$\hat{a}$ 的计算公式为：

$$\hat{b} = \frac{L_{xy}}{L_{xx}} \tag{2-178}$$

$$\hat{a} = \overline{y} - \hat{b}\,\overline{x} \tag{2-179}$$

用公式计算出的 $\hat{b}$，$\hat{a}$ 值，就是前面式（2-171）建立的一元线性回归方程 $\hat{y} = \hat{a} + \hat{b}x$ 中的 $\hat{b}$，$\hat{a}$ 值。因此用式（2-178）和式（2-179）计算出 $\hat{b}$，$\hat{a}$ 值，就可建立一元线性回归方程：

$$\hat{y} = \hat{a} + \hat{b}x$$

2. 用相关系数检验建立的一元线性回归方程的显著性

有的情况下，对实验数据 (x_i, y_i) $(i = 1, 2, \cdots, n)$，作出散点图，画出的实验点分布杂乱、无规律，一看就知道这些点不可能近似在一条直线附近，即 y 与 x 间不存在线性相关关系，但是仍可以应用最小二乘法，求得一元线性回归方程 $\hat{y} = \hat{a} + \hat{b}x$。显然这样求得的回归方程没有实际意义。因此，我们有必要对求得回归方程的拟合效果进行检验。下面介绍相关系数检验法。

（1）相关系数（correlation coefficient）

相关系数是用于描述变量 y 与 x 的线性相关程度的数字特征，常用 r 表示。设有 n 对实验数据 (x_i, y_i) $(i = 1, 2, \cdots, n)$，则相关系数的定义为：

$$r = \frac{L_{xy}}{\sqrt{L_{xx}L_{yy}}} \tag{2-180}$$

（2）相关系数 r 的性质

1）$0 \leqslant |r| \leqslant 1$。

2）$|r|$ 越接近于 1，变量 y 与 x 间线性相关程度就越显著；$|r|$ 越接近于零，变量 y 与 x 间线性相关程度就越差。

3）如果 $|r| = 1$，则表明变量 y 与 x 完全线性相关；如果 $|r| = 0$，则表明变量 y 与 x 不具有线性相关关系。

4）变换式（2-180），并应用式（2-178），可得

$$r = \frac{L_{xy}}{\sqrt{L_{xx}L_{yy}}} = \frac{L_{xy}}{L_{xx}} \times \sqrt{\frac{L_{xx}}{L_{yy}}} = \hat{b} \times \sqrt{\frac{L_{xx}}{L_{yy}}} \tag{2-181}$$

所以 r 与 $\hat{b}$ 有相同的符号。

在下面，n 表示实验次数，m 表示自变量个数，对一元线性回归方程，$m = 1$。

（3）相关系数检验法基本步骤

1）利用式（2-180），计算出相关系数 r。

2）根据显著性水平 $\alpha = 0.05$ 和 $\alpha = 0.01$，及 $m = 1$、$n - m - 1 = n - 2$ 的值，查书后附表 6 的相关系数临界值表，得临界值 $r_{0.05}(n-2)$ 和 $r_{0.01}(n-2)$。

3）判断

当 $|r| \leqslant r_{0.05}(n-2)$ 时，变量 y 与 x 间线性相关不显著，说明建立的回归方程是不显著的；

当 $r_{0.05}(n-2) < |r| \leqslant r_{0.01}(n-2)$ 时，变量 y 与 x 间线性相关一般显著，说明建立的回归方程是一般显著的；

当 $|r| > r_{0.01}(n-2)$ 时，变量 y 与 x 间线性相关高度显著，说明建立的回归方程是高度显著的。

3. 一元线性回归方程的精度估计

已知两个变量 y 与 x 之间是相关关系，不是函数关系，知道了 x 的值，不能准确地知道实验值 y 的值。但可由建立的回归方程，求得回归值 $\hat{y}$，用回归值 $\hat{y}$ 作为实验值 y 的估计值，偏差有多大呢？这就是回归方程的精度问题。可以用残差标准差，也称为剩余标准差，作为衡量一元线性回归方程的精度，或表示求得回归直线的精度。

残差标准差的定义：

$$S_{残} = \sqrt{\frac{Q_e}{n-2}} = \sqrt{\frac{1}{n-2}\sum_{i=1}^{n}(y_i - \hat{y}_i)^2} \tag{2-182}$$

在这里，Q_e 称为残差平方和，又称为剩余平方和，其定义为：

$$Q_e = \sum_{i=1}^{n}(y_i - \hat{y}_i)^2 \tag{2-183}$$

在这式子中，n 表示实验次数，y_i 表示实验值，$y_i - \hat{y}_i$ 表示残差，$\hat{y}_i$ 表示通过一元线性回归方程求得的回归值，即：

$$\hat{y}_i = \hat{a} + \hat{b}x_i$$

计算一元线性回归方程的残差标准差也可使用下面公式：

$$S_{残} = \sqrt{\frac{(1-r^2)L_{yy}}{n-2}} \tag{2-184}$$

在这式子中，r 表示相关系数，L_{yy} 表示偏差平方和，可用式（2-177）来计算。

残差标准差越小，即实验值 y_i 与相对应的回归值 $\hat{y}_i$ 的偏差平方和越小，表示各实验点越靠近回归直线，建立的一元线性回归方程的精度越高；残差标准差越大，表示各实验点在回归直线上下分散得远，建立的一元线性回归方程的精度越差。

4. 实验值的预报值和预报区间

对任一给定的 x_0，推测相应的实验值 y_0 取何值及大致在什么范围，这就是所谓的预报值及预报区间问题。

（1）一般情况下，预报值及预报区间的估计

当 $x = x_0$ 时，通过回归方程，求得回归值 $\hat{y}_0 = \hat{a} + \hat{b}x_0$，$\hat{y}_0$ 作为相应的实验值 y_0 的预报值。

根据给定显著性水平 α，及自由度 $n-2$（n 为实验次数），查书后 t 分布表，得临界值 $t_{\frac{\alpha}{2}}(n-2)$；

利用式（2-184），计算出残差标准差 $S_{残}$；

当 $x = x_0$ 时，相应的实验值 y_0 的概率为 $100(1-\alpha)\%$ 的预报区间为：

$$\left(\hat{y}_0 \pm t_{\frac{\alpha}{2}}(n-2)S_{残}\sqrt{1 + \frac{1}{n} + \frac{(x_0 - \overline{x})^2}{L_{xx}}} \right) \tag{2-185}$$

（2）预报区间的简单估计

当实验次数 n 比较大，且取值 x_0 与 $\overline{x}$ 不远时，在 $x = x_0$ 处，相应的实验值 y_0 的预报区间简单估计如下：

概率为 68.3%，y_0 的预报区间为：$(\hat{y}_0 \pm S_{残})$；

概率为 95.4%，y_0 的预报区间为：$(\hat{y}_0 \pm 2S_{残})$；

概率为 99.7%，y_0 的预报区间为：$(\hat{y}_0 \pm 3S_{残})$。

例 2-14 某科研组做了 $n=7$ 次实验，实验数据 (x_i, y_i)，见表 2-29。

实验数据表　　　　　　　　　　　　　　　　　　　　　　表 2-29

x_i	0.20	0.21	0.25	0.30	0.35	0.40	0.50
y_i	0.45	0.61	1.50	2.40	3.15	3.90	6.00

（1）建立 y 对 x 的一元线性回归方程；

（2）在显著性水平 $\alpha = 0.01$ 下，检验所建立的一元线性回归方程的显著性；

（3）试对建立的一元线性回归方程作精度估计；

（4）给定显著性水平 $\alpha = 0.01$，试求当 $x = x_0$ 时，相应的实验值 y_0 的预报值及概率为 99% 的预报区间。

解　（1）建立 y 对 x 的一元线性回归方程

1）根据给出的实验数据 (x_i, y_i)（$1 \leqslant i \leqslant 7$），在普通直角坐标系中画出散点图，如图 2-1 所示。从散点图看出，y 与 x 基本上呈线性关系。

2）列表计算（见表 2-30）

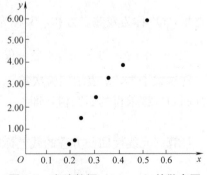

图 2-1　实验数据 (x_i, y_i) 的散点图

表 **2-30**

实验号	x_i	y_i	x_i^2	y_i^2	$x_i y_i$
1	0.20	0.45	0.040	0.2025	0.0900
2	0.21	0.61	0.044	0.3721	0.1281
3	0.25	1.50	0.063	2.2500	0.3750
4	0.30	2.40	0.090	5.7600	0.7200
5	0.35	3.15	0.123	9.9225	1.1025
6	0.40	3.90	0.160	15.2100	1.5600
7	0.50	6.00	0.250	36.0000	3.0000
列和 $\sum$	2.21	18.01	0.7691	69.7171	6.9756
$\sum / n$	0.3157	2.5729	0.1099	9.9596	0.9965

从表中可得：$n=7$，$\overline{x}=0.3157$，$\overline{y}=2.5729$，及下面计算所需数据。

3）计算出 3 个偏差平方和 L_{xy}，L_{xx}，L_{yy} 的值

$$L_{xy} = \sum_{i=1}^{n} x_i y_i - \frac{1}{n}\left(\sum_{i=1}^{n} x_i\right)\left(\sum_{i=1}^{n} y_i\right) = 6.9756 - \frac{1}{7} \times (2.21) \times (18.01) = 1.2896$$

$$L_{xx} = \sum_{i=1}^{n} x_i^2 - \frac{1}{n}\left(\sum_{i=1}^{n} x_i\right)^2 = 0.7691 - \frac{1}{7} \times (2.21)^2 = 0.0714$$

$$L_{yy} = \sum_{i=1}^{n} y_i^2 - \frac{1}{n}\left(\sum_{i=1}^{n} y_i\right)^2 = 69.7171 - \frac{1}{7} \times (18.01)^2 = 23.3799$$

4）根据公式计算出待定参数 b，a 的估计值 $\hat{b}$，$\hat{a}$，并建立回归方程

由式（2-178）和式（2-179），可得：

$$\hat{b} = \frac{L_{xy}}{L_{xx}} = \frac{1.2896}{0.0714} = 18.0616$$

$$\hat{a} = \overline{y} - \hat{b}\overline{x} = 2.5729 - 18.062 \times 0.3157 = -3.1291$$

建立一元线性回归方程：

$$\hat{y} = -3.1291 + 18.0616x$$

（2）用相关系数检验建立的一元线性回归方程的显著性

应用式（2-180），计算相关系数 r：

$$r = \frac{L_{xy}}{\sqrt{L_{xx}L_{yy}}} = \frac{1.2896}{\sqrt{0.0714 \times 23.3799}} = 0.9981$$

给定显著性水平 $\alpha = 0.01$，按自变量个数 $m = 1$，$n - m - 1 = 7 - 1 - 1 = 5$，查书后附表 6 相关系数临界值表，得临界值 $r_{0.01}(5) = 0.874$。

因为 $|r| = 0.9981 > 0.874 = r_{0.01}(5)$

故建立的一元线性回归方程是高度显著的。

（3）对建立一元线性回归方程作精度估计

利用式（2-184）计算出残差标准差：

$$S_{残} = \sqrt{\frac{(1-r^2)L_{yy}}{n-2}} = \sqrt{\frac{(1-0.9981^2) \times 23.3799}{5}} = 0.1332$$

计算出的残差标准差很小，说明所建立的一元线性回归方程的精度高。

（4）实验值的预报值及预报区间

当 $x=x_0$ 时，求得回归值 $\hat{y}_0=-3.1291+18.0616x_0$，$\hat{y}_0$ 作为相应的实验值 y_0 的预报值。

根据给定显著性水平 $\alpha=0.01$，及自由度为 $n-2=5$，查书后 t 分布表，得临界值 $t_{\frac{\alpha}{2}}(n-2)=t_{0.005}(5)=4.0322$，代入下式，可得：

$$t_{\frac{\alpha}{2}}(n-2)S_{残}\sqrt{1+\frac{1}{n}+\frac{(x_0-\overline{x})^2}{L_{xx}}}=4.0322\times0.1332\times\sqrt{1+\frac{1}{7}+\frac{(x_0-0.3157)^2}{0.0714}}$$
$$=0.5371\times\sqrt{1.1429+14.0056(x_0-0.3157)^2}$$

当 $x=x_0$ 时，由预报区间式（2-185）得相应的实验值 y_0 的概率为 $100(1-\alpha)\%=99\%$ 的预报区间为：

$$(\hat{y}_0\pm0.5371\times\sqrt{1.1429+14.0056(x_0-0.3157)^2}\;)$$

举例，当 $x_0=0.32$ 时，相应的实验值 y_0 的预报值为：
$$\hat{y}_0=-3.1291+18.0616\times0.32=2.6506$$

将 $x_0=0.32$，$\hat{y}_0=2.6506$，代入求出的预报区间内，可得出相应的实验值 y_0 的概率为 99% 的预报区间为：

$$(2.6506\pm0.5743)=(2.0763,3.2249)$$

2.5.2 实验数据的一元非线性回归分析

在许多实际问题中，变量之间的关系并不是线性相关，这时就应该考虑采用非线性回归分析（nonlinear regression analysis）。

通过适当的变换，可将非线性回归转化为线性回归问题，其具体做法如下：

（1）根据实验数据 (x_1,y_1)，(x_2,y_2)，…，(y_n,y_n)，在直角坐标系中描出相应的点，得到散点图；

（2）根据散点图的分布形状，推测 y 与 x 之间非线性相关关系的函数关系式 $y=f(x)$，式中含有待定参数；

（3）选择适当的变量变换，使之变成线性关系式；

（4）用线性回归方法求出线性回归方程；

（5）确定出待定参数的估计值，得到要求的回归方程。也可将求出的线性回归方程，返回原变量，得到要求的回归方程。

1. 可化为一元线性回归的问题

下面研究一些常用的可化为线性回归的函数类型及其图形。

（1）双曲线函数 $\frac{1}{y}=a+\frac{b}{x}$，$a>0$（图 2-2）

令 $y'=\frac{1}{y}$，$x'=\frac{1}{x}$，则可化为线性方程：

$$y'=a+bx'$$

按线性回归方法计算出上式的待定参数 a，b 的估计值 $\hat{a}$，$\hat{b}$，从而确定出双曲线函数中待定参数 a，b 的估计值 $\hat{a}$，$\hat{b}$。

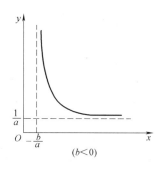
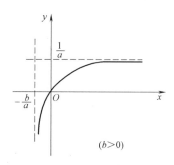

图 2-2 双曲线函数 $\dfrac{1}{y}=a+\dfrac{b}{x}$ 的图形

（2）幂函数 $y=dx^b$，$d>0$，$x>0$（图 2-3）

上式两边取常用对数，则有：

$$\lg y=\lg d+b\lg x$$

令 $y'=\lg y$，$a=\lg d$，$x'=\lg x$，则可化为线性方程：

$$y'=a+bx'$$

按线性回归方法计算出上式的待定参数 a，b 的估计值 $\hat{a}$，$\hat{b}$，然后由关系式 $\hat{a}=\lg\hat{d}$，可得 $\hat{d}$ 值，从而确定了幂函数中待定参数 d，b 的估计值 $\hat{d}$，$\hat{b}$。

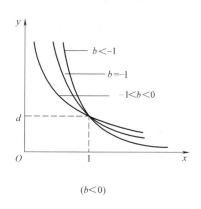
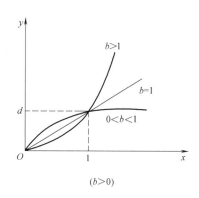

图 2-3 幂函数的图形 $y=dx^b$

（3）指数函数 $y=d\,e^{bx}$，$d>0$（图 2-4）

上式两边取自然对数，则有：

$$\ln y=\ln d+bx$$

令 $y'=\ln y$，$a=\ln d$，则可化为线性方程：

$$y'=a+bx$$

按线性回归方法计算出上式的待定参数 a，b 的估计值 $\hat{a}$，$\hat{b}$，然后由关系式 $\hat{a}=\ln\hat{d}$，

可得 $\hat{d}$ 值，从而确定了指数函数中待定参数 d，b 的估计值 $\hat{d}$，$\hat{b}$。

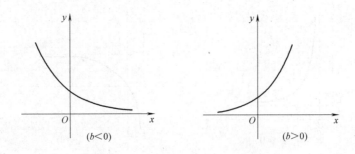

图 2-4　指数函数 $y=d\mathrm{e}^{bx}$ 的图形

（4）倒指数函数 $y=d\mathrm{e}^{\frac{b}{x}}$，$d>0$（图 2-5）

上式两边取自然对数，则有：

$$\ln y=\ln d+\frac{b}{x}$$

令 $y'=\ln y$，$a=\ln d$，$x'=\dfrac{1}{x}$，则可化为线性方程：

$$y'=a+bx'$$

按线性回归方法计算出上式的待定参数 a，b 的估计值 $\hat{a}$，$\hat{b}$，然后由关系式 $\hat{a}=\ln\hat{d}$，可得 $\hat{d}$ 值，从而确定了倒指数函数中待定参数 d，b 的估计值 $\hat{d}$，$\hat{b}$。

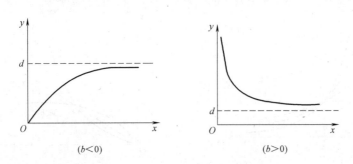

图 2-5　倒指数函数 $y=d\mathrm{e}^{\frac{b}{x}}$ 的图形

（5）对数函数 $y=a+b\ln x$（图 2-6）

令 $x'=\ln x$，则可化为线性方程：

$$y=a+bx'$$

按线性回归方法计算出上式的待定参数 a，b 的估计值 $\hat{a}$，$\hat{b}$，从而确定了对数函数中待定参数 a，b 的估计值 $\hat{a}$，$\hat{b}$。

（6）S形曲线 $y=\dfrac{1}{a+b\mathrm{e}^{-x}}$，$a>0$，$b>0$（见图 2-7）

直接对上式作倒数变换，则有：

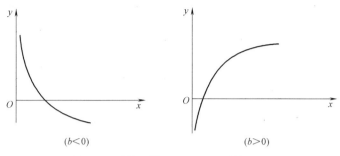

图 2-6　对数函数 $y=a+b\ln x$ 的图形

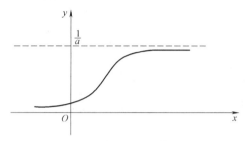

图 2-7　S 形曲线 $y=\dfrac{1}{a+b\mathrm{e}^{-x}}$ 的图形

$$\frac{1}{y}=a+b\mathrm{e}^{-x}$$

令 $y'=\dfrac{1}{y}$，$x'=\mathrm{e}^{-x}$，则可化为线性方程：

$$y'=a+bx'$$

按线性回归方法计算出上式的待定参数 a，b 的估计值 $\hat{a}$，$\hat{b}$，从而确定了 S 形曲线中待定参数 a，b 的估计值 $\hat{a}$，$\hat{b}$。

2. 检验建立的回归方程的显著性

（1）用相关系数 r 检验建立的一元线性回归方程的显著性

建立一元非线性回归方程（曲线回归方程），需要选择适当的变量变换，先建立一个一元线性回归方程 $\hat{y}'=\hat{a}+\hat{b}x'$，首先我们应对该回归方程的拟合效果进行显著性检验。

可以求出变换后的变量 y' 与 x' 之间的相关系数 r，来检验 y' 与 x' 之间线性关系的密切程度，其定义如下：

$$r=\frac{L_{x'y'}}{\sqrt{L_{x'x'}L_{y'y'}}} \tag{2-186}$$

根据 r 值，检验建立的一元线性回归方程的显著性。

（2）用曲线相关指数 R_{xy}^{2} 检验建立的曲线回归方程的显著性

在一元非线性回归中，为了表明所配曲线与实际观测值之间拟合的密切程度，需要有检验建立的曲线回归方程显著性的数字特征，可用曲线相关指数来检验，其定义如下：

$$R_{xy}^{2}=1-\frac{\sum\limits_{i=1}^{n}(y_{i}-\hat{y}_{i})^{2}}{\sum\limits_{i=1}^{n}(y_{i}-\overline{y})^{2}} \tag{2-187}$$

通常称 R_{xy}^2 为曲线相关指数，称 R_{xy} 为曲线相关系数。当 R_{xy}^2 越接近1，则所配的曲线效果越好，建立的曲线回归方程有使用价值。

3. 一元非线性回归方程的精度估计

用残差标准差，也称为剩余标准差，作为衡量曲线回归方程的精度，或表示求得回归曲线的精度，其定义为：

$$S_{残} = \sqrt{\frac{Q_e}{n-2}} = \sqrt{\frac{1}{n-2} \sum_{i=1}^{n} (y_i - \hat{y}_i)^2} \qquad (2\text{-}188)$$

在这里，$Q_e = \sum_{i=1}^{n} (y_i - \hat{y}_i)^2$，称为残差平方和，又称为剩余平方和；$\hat{y}_i$ 表示通过曲线回归方程所得的回归值，例如 $\hat{y}_i = \hat{d} x_i^{\hat{b}}$。

残差标准差越小，即实验值 y_i 与相对应的回归值 $\hat{y}_i$ 的偏差平方和越小，表示各实验点越靠近回归曲线，建立的曲线回归方程的精度越高；残差标准差越大，表示各实验点在回归曲线上下分散得远，建立的曲线回归方程的精度越差。

如果散点图所反映出的变量 y 与 x 之间的关系和几个函数类型都有些相近，即一下子确定不出来选择哪种函数类型更好，则可以作出几个曲线回归方程。用残差标准差作为衡量曲线回归方程的精度。通过比较，选用残差标准差最小的曲线回归方程，用它来反映变量 y 与 x 之间的相关关系。

4. 实验值的预报值和预报区间

建立曲线回归方程，应先建立线性回归方程，然后经适当的变换，才能求得曲线回归方程。由于曲线回归方程不是直接求得的，找出一种好的计算方法，求实验值的预报区间，有一定难度。对非线性回归的预报区间，下面介绍的计算方法，可供参考。

在 $x = x_0$ 处，通过曲线回归方程求得相应的预报值 $\hat{y}_0$，例如，$\hat{y}_0 = \hat{d} x_0^{\hat{b}}$；

计算出曲线回归方程的残差标准差 $S_{残}$；

当实验次数 n 比较大时，且取值 x_0 与 $\overline{x}$ 不远时，在 $x = x_0$ 处，相应的实验值 y_0 的预报区间简单估计如下：

概率为 68.3%，y_0 的预报区间为：$(\hat{y}_0 \pm S_{残})$；

概率为 95.4%，y_0 的预报区间为：$(\hat{y}_0 \pm 2S_{残})$；

概率为 99.7%，y_0 的预报区间为：$(\hat{y}_0 \pm 3S_{残})$。

例 2-15 在某一项实验中，测得 x 与 y 的11对实验数据，见表2-31。试建立 y 对 x 的曲线回归方程式（经验公式）。

x 与 y 的实验数据表　　　　　　　　　　　　　　　　　　表 2-31

x_i	y_i	x_i	y_i
208.0	0.698	68.0	0.752
58.4	1.178	136.0	0.847
288.3	0.667	293.5	0.593
249.5	0.593	66.0	0.791
90.4	1.003	136.50	0.865
288.0	0.565		

解　在直角坐标系上，以 x 为横坐标，y 为纵坐标，根据表2-31中给出的实验数据

(x_i, y_i)，画出散点图，如图 2-8 所示。

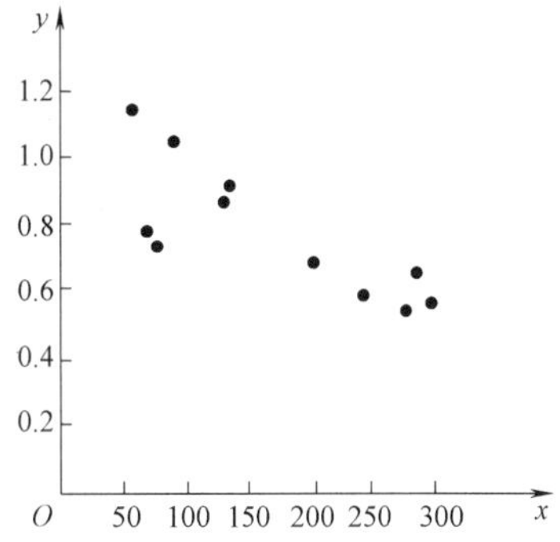

根据散点图的分布形状，可观察出 y 值随 x 的增加急剧减小，然后下降速度减慢并趋于稳定。曲线类型与幂函数、指数函数、双曲线函数相似。为了能得到较好的经验公式，分别建立这三种曲线回归方程式，比较它们的精度，最后确定一种回归方程式。

图2-8　实验数据（x_i，y_i）的散点图

（1）建立幂函数形式的曲线回归方程

若 y 值与 x 值之间相关关系，符合幂函数形式：

$$y = dx^b$$

上式两边取常用对数，则有：

$$\lg y = \lg d + b \lg x$$

令 $y' = \lg y$，$a = \lg d$，$x' = \lg x$，则上式可化为线性方程：

$$y' = a + bx'$$

1）列表计算（表 2-32）

实验数据计算表　　　　　　　　　　　　　　表 2-32

实验号	$x_i' = \lg x_i$	$y_i' = \lg y_i$	$x_i'^2$	$y_i'^2$	$x_i' y_i'$
1	2.318	−0.156	5.373	0.024	−0.362
2	1.766	0.071	3.119	0.005	0.125
3	2.460	−0.176	6.052	0.031	−0.433
4	2.397	−0.227	5.746	0.052	−0.544
5	1.956	0.001	3.826	0.000	0.002
6	2.459	−0.248	6.047	0.062	−0.610
7	1.833	−0.124	3.360	0.015	−0.227
8	2.134	−0.072	4.554	0.005	−0.154
9	2.468	−0.227	6.091	0.052	−0.560
10	1.820	−0.102	3.312	0.010	−0.186
11	2.135	−0.063	4.558	0.004	−0.135
列和 $\sum$	23.746	−1.323	52.037	0.260	−3.084
$\sum / n$	2.159	−0.120	4.731	0.0236	−0.280

从表中可得 $n = 11$，$\overline{x'} = 2.159$，$\overline{y'} = -0.120$，及下面计算所需数据。

2）计算出偏差平方和 $L_{x'y'}$，$L_{x'x'}$，$L_{y'y'}$ 的值

$$L_{x'y'} = \sum_{i=1}^{n} x_i' y_i' - \frac{1}{n}\left(\sum_{i=1}^{n} x_i'\right)\left(\sum_{i=1}^{n} y_i'\right)$$

$$= -3.084 - \frac{1}{11} \times 23.746 \times (-1.323) = -0.228$$

$$L_{x'x'} = \sum_{i=1}^{n} x_i'^2 - \frac{1}{n}\left(\sum_{i=1}^{n} x_i'\right)^2 = 52.037 - \frac{1}{11}(23.746)^2 = 0.776$$

$$L_{y'y'} = \sum_{i=1}^{n} y_i'^2 - \frac{1}{n}\left(\sum_{i=1}^{n} y_i'\right)^2 = 0.260 - \frac{1}{11}(-1.323)^2 = 0.101$$

3）利用公式计算出待定参数 b，a 的估计值 $\hat{b}$，$\hat{a}$，并建立回归方程式

由公式（2-178）和公式（2-179），可得：

$$\hat{b}=\frac{L_{x'y'}}{L_{x'x'}}=\frac{-0.228}{0.776}=-0.294$$

$$\hat{a}=\overline{y'}-\hat{b}\overline{x'}=-0.120-(-0.294)\times2.159=0.515$$

于是得回归值 $\widehat{y'}$ 对 x' 的线性回归方程为：

$$\widehat{y'}=0.515-0.294x'$$

由本题前面在（1）中建立的关系式，可知道两估计值 $\hat{a}$ 与 $\hat{d}$ 之间有关系式：

$$\hat{a}=\lg\hat{d}$$

从而有 $\qquad\qquad\qquad \hat{d}=10^{\hat{a}}=10^{0.515}=3.27$

于是求得回归值 $\hat{y}$ 对 x 值的幂函数形式曲线回归方程：

$$\hat{y}=\hat{d}x^{\hat{b}}=3.27x^{-0.294}$$

4）计算曲线回归方程的精度

用残差标准差 $S_{残}$ 来衡量曲线回归方程的精度。我们把实验值 y_i 与曲线回归方程上的回归值 $\hat{y}_i$ 进行比较，见表 2-33。

实验值 y_i 与回归值 $\hat{y}_i$ 对照表

表 2-33

x_i	y_i	$\hat{y}_i$	$y_i-\hat{y}_i$
208.0	0.698	0.681	0.017
58.4	1.178	0.989	0.189
288.3	0.667	0.619	0.048
249.5	0.593	0.645	−0.052
90.4	1.003	0.870	0.133
288.0	0.565	0.619	−0.054
68.0	0.752	0.946	−0.194
136.0	0.847	0.771	0.076
293.5	0.593	0.615	−0.022
66.0	0.791	0.954	−0.163
136.5	0.865	0.771	0.094

残差平方和为：

$$Q_e=\sum_{i=1}^{n}(y_i-\hat{y}_i)^2=0.141$$

利用公式（2-188），则得幂函数形式回归方程的精度为：

$$S_{残}=\sqrt{\frac{Q_e}{n-2}}=\sqrt{\frac{0.141}{11-2}}=0.125$$

（2）建立倒指数形式的曲线回归方程

若 y 值与 x 值之间相关关系，符合倒指数函数形式：

$$y=d\mathrm{e}^{\frac{b}{x}}$$

上式两边取自然对数，则有：

$$\ln y=\ln d+\frac{b}{x}$$

令 $y'=\ln y$，$a=\ln d$，$x'=\frac{1}{x}$，则上式可化为线性方程：

$$y'=a+bx'$$

1）列表计算（表 2-34）

实验数据计算表　　　　　　　　　　　　　　　　　　　　　　表 2-34

实验号	$x_i'=\dfrac{1}{x_i}$	$y_i'=\ln y_i$	$x_i'^2$	$y_i'^2$	$x_i'y_i'$
1	0.0048	-0.360	0.000023	0.1296	-0.00173
2	0.0171	0.164	0.000292	0.0269	0.00280
3	0.0035	-0.405	0.000012	0.1640	-0.00142
4	0.0040	-0.523	0.000016	0.2735	-0.00209
5	0.0111	0.003	0.000123	0.0000	0.00003
6	0.0035	-0.571	0.000012	0.3260	-0.00199
7	0.0147	-0.285	0.000216	0.0812	-0.00419
8	0.0074	-0.166	0.000055	0.0276	-0.00123
9	0.0034	-0.523	0.000012	0.2735	-0.00178
10	0.0152	-0.234	0.000231	0.0548	-0.00356
11	0.0073	-0.145	0.000053	0.0210	-0.00106
列和 Σ	0.0920	-3.045	0.001045	1.3781	-0.01623
Σ/n	0.00836	-0.277	0.000095	0.1253	-0.00148

从表中可得 $n=11$，$\overline{x'}=0.00836$，$\overline{y'}=-0.277$，及下面计算所需数据。

2）计算出偏差平方和 $L_{x'y'}$，$L_{x'x'}$，$L_{y'y'}$ 的值

$$L_{x'y'}=\sum_{i=1}^{n}x_i'y_i'-\frac{1}{n}\Big(\sum_{i=1}^{n}x_i'\Big)\Big(\sum_{i=1}^{n}y_i'\Big)$$

$$=-0.01623-\frac{1}{11}\times0.0920\times(-3.045)=0.00924$$

$$L_{x'x'}=\sum_{i=1}^{n}(x_i')^2-\frac{1}{n}\Big(\sum_{i=1}^{n}x_i'\Big)^2=0.001045-\frac{1}{11}(0.0920)^2=0.000276$$

$$L_{y'y'}=\sum_{i=1}^{n}(y_i')^2-\frac{1}{n}\Big(\sum_{i=1}^{n}y_i'\Big)^2=1.3781-\frac{1}{11}(-3.045)^2=0.535$$

3）利用公式计算出待定参数 b，a 的估计值 $\hat{b}$，$\hat{a}$，并建立回归方程式

由公式（2-178）和公式（2-179），可得：

$$\hat{b}=\frac{L_{x'y'}}{L_{x'x'}}=\frac{0.00924}{0.000276}=33.5$$

$$\hat{a}=\overline{y'}-\hat{b}\overline{x'}=-0.277-33.5\times0.00836=-0.557$$

于是得回归值 $\widehat{y'}$ 对 x' 的线性回归方程为：

$$\widehat{y'}=-0.557+33.5x'$$

由本题前面在（2）中建立的关系式，可知道两估计值 $\hat{a}$ 与 $\hat{d}$ 之间有关系式：

$$\hat{a}=\ln\hat{d}$$

从而有：

$$\hat{d}=e^{\hat{a}}=e^{-0.557}=0.573$$

于是求得回归值 $\hat{y}$ 对 x 值的倒指数函数形式曲线回归方程：

$$\hat{y}=\hat{d}e^{\frac{\hat{b}}{x}}=0.573e^{\frac{33.5}{x}}$$

4）计算曲线回归方程的精度

用残差标准差 $S_残$ 来衡量曲线回归方程的精度。我们把实验值 y_i 与曲线回归方程上的回归值 $\hat{y}_i$ 进行比较，见表 2-35。

实验值 y_i 与回归值 $\hat{y}_i$ 对照表　　　　　　　　　表 2-35

x_i	y_i	$\hat{y}_i$	$y_i - \hat{y}_i$
208.0	0.698	0.673	0.025
58.4	1.178	1.017	0.161
288.3	0.667	0.644	0.023
249.5	0.593	0.655	−0.062
90.4	1.003	0.830	0.173
288.0	0.565	0.644	−0.079
68.0	0.752	0.938	−0.186
136.0	0.847	0.733	0.114
293.5	0.593	0.642	−0.049
66.0	0.791	0.952	−0.161
136.5	0.865	0.732	0.133

残差平方和为：

$$Q_e = \sum_{i=1}^{n} (y_i - \hat{y}_i)^2 = 0.161$$

利用公式（2-188），则得倒指数函数形式回归方程的精度为：

$$S_残 = \sqrt{\frac{Q_e}{n-2}} = \sqrt{\frac{0.161}{11-2}} = 0.134$$

（3）建立双曲线函数形式的曲线回归方程

若 y 值与 x 值之间相关关系，符合双曲线函数形式：

$$\frac{1}{y} = a + \frac{b}{x}$$

令 $y' = \dfrac{1}{y}$，$x' = \dfrac{1}{x}$，则上式可化为线性方程：

$$y' = a + bx'$$

1）列表计算，见表 2-36。

实验数据计算表　　　　　　　　　表 2-36

实验号	$x_i' = \dfrac{1}{x_i}$	$y_i' = \dfrac{1}{y_i}$	$(x_i')^2$	$(y_i')^2$	$x_i' y_i'$
1	0.0048	1.433	0.000023	2.053	0.0069
2	0.0171	0.849	0.000292	0.721	0.0145
3	0.0035	1.499	0.000012	2.248	0.0052
4	0.0040	1.686	0.000016	2.844	0.0067
5	0.0111	0.997	0.000123	0.994	0.0111
6	0.0035	1.770	0.000012	3.133	0.0062
7	0.0147	1.330	0.000216	1.768	0.0196
8	0.0074	1.181	0.000055	1.394	0.0087
9	0.0034	1.686	0.000012	2.844	0.0057
10	0.0152	1.264	0.000231	1.598	0.0192
11	0.0073	1.156	0.000053	1.336	0.0084
列和 Σ	0.0920	14.851	0.001045	20.93	0.1122
Σ/n	0.00836	1.350	0.0000950	1.903	0.0102

从表中可得 $n=11$，$\overline{x'}=0.00836$，$\overline{y'}=1.350$，及下面计算所需数据。

2）计算出偏差平方和 $L_{x'y'}$，$L_{x'x'}$，$L_{y'y'}$ 的值

$$L_{x'y'}=\sum_{i=1}^{n} x_i'y_i'-\frac{1}{n}\left(\sum_{i=1}^{n} x_i'\right)\left(\sum_{i=1}^{n} y_i'\right)=0.1122-\frac{1}{11}\times0.0920\times14.851=-0.0120$$

$$L_{x'x'}=\sum_{i=1}^{n} (x_i')^2-\frac{1}{n}\left(\sum_{i=1}^{n} x_i'\right)^2=0.001045-\frac{1}{11}\times(0.0920)^2=0.000276$$

$$L_{y'y'}=\sum_{i=1}^{n} (y_i')^2-\frac{1}{n}\left(\sum_{i=1}^{n} y_i'\right)^2=20.93-\frac{1}{11}\times(14.851)^2=0.8798$$

3）利用公式计算出待定参数 b，a 的估计值 $\hat{b}$，$\hat{a}$，并建立回归方程

由公式（2-178）和公式（2-179），可得：

$$\hat{b}=\frac{L_{x'y'}}{L_{x'x'}}=\frac{-0.0120}{0.000276}=-43.5$$

$$\hat{a}=\overline{y'}-\hat{b}\overline{x'}=1.350-(-43.5)\times0.00836=1.71$$

于是得回归值 $\widehat{y'}$ 对 x' 的线性回归方程为：

$$\widehat{y'}=1.71-43.5x'$$

由本题前面在（3）中建立的关系式，可知：

$$\widehat{y'}=\frac{1}{\hat{y}},\quad x'=\frac{1}{x}$$

于是求得回归值 $\hat{y}$ 对 x 值的双曲线函数形式曲线回归方程：

$$\frac{1}{\hat{y}}=1.71-\frac{43.5}{x}$$

即得：

$$\hat{y}=\frac{1}{1.71-43.5\frac{1}{x}}=\frac{x}{1.71x-43.5}$$

4）计算曲线回归方程的精度

用残差标准差 $S_{残}$ 来衡量曲线回归方程的精度。我们把实验值 y_i 与曲线回归方程上的回归值 $\hat{y}_i$ 进行比较，见表 2-37。

实验值 y_i 与回归值 $\hat{y}_i$ 对照表　　　　　　　　　　　　　　表 2-37

x_i	y_i	$\hat{y}_i$	$y_i-\hat{y}_i$
208.0	0.698	0.666	0.032
58.4	1.178	1.036	0.142
288.3	0.667	0.641	0.026
249.5	0.593	0.651	−0.058
90.4	1.003	0.814	0.189
288.0	0.565	0.641	−0.076
68.0	0.752	0.934	−0.182
136.0	0.847	0.719	0.128
293.5	0.593	0.640	−0.047
66.0	0.791	0.952	−0.161
136.5	0.865	0.719	0.146

残差平方和为：

$$Q_e = \sum_{i=1}^{n} (y_i - \hat{y}_i)^2 = 0.166$$

利用公式（2-188），则得双曲线形式回归方程的精度为：

$$S_残 = \sqrt{\frac{Q_e}{n-2}} = \sqrt{\frac{0.166}{11-2}} = 0.136$$

（4）确定一种较理想的曲线回归方程

对上面求出的三种曲线回归方程的精度作比较，见表 2-38。

三种曲线回归方程的精度比较表   表 2-38

曲线回归方程	幂函数形式	倒指数函数形式	双曲线形式
残差标准差 $S_残$	0.125	0.134	0.136

由于建立幂函数形式的回归方程，其残差标准差最小，故选用幂函数形式的曲线回归方程。故得回归值 $\hat{y}$ 与 x 值之间的关系式为：

$$\hat{y} = \hat{d} x^{\hat{b}} = 3.27 x^{-0.294}$$

（5）检验建立的曲线回归方程的显著性

曲线回归方程 $\hat{y} = 3.27 x^{-0.294}$，它是由本题前面在（1）中的 3），求得的线性回归方程 $\hat{y}' = 0.515 - 0.294 x'$，代入原变量而得到的。下面检验这两个回归方程的显著性。

1）用相关系数 r 检验建立的线性回归方程的显著性

利用本题前面在（1）中计算出的偏差平方和，及公式（2-186），计算相关系数 r：

$$r = \frac{L_{x'y'}}{\sqrt{L_{x'x'} L_{y'y'}}} = \frac{-0.228}{\sqrt{0.776 \times 0.101}} = -0.814$$

给定显著性水平 $\alpha = 0.01$，按 $m = 1$，$n - m - 1 = 9$，查书后附表 6 相关系数临界值表，得临界值 $r_{0.01}(9) = 0.735$。因为：

$$|r| = 0.814 > 0.735 = r_{0.01}(9)$$

故建立的回归值 $\widehat{y'}$ 与 x' 之间的一元线性回归方程 $\widehat{y'} = 0.515 - 0.294 x'$，是高度显著。

2）用曲线相关指数 R_{xy}^2 检验建立的曲线回归方程的显著性

利用表 2-33 中的数据，及用公式（2-187）计算曲线相关指数 R_{xy}^2：

$$R_{xy}^2 = 1 - \frac{\sum_{i=1}^{n} (y_i - \hat{y}_i)^2}{\sum_{i=1}^{n} (y_i - \overline{y})^2} = 1 - \frac{0.141}{0.356} = 0.604$$

计算出的曲线相关指数 R_{xy}^2 值是比较大的，故建立的曲线回归方程 $\hat{y} = 3.27 x^{-0.294}$ 是有使用价值。

2.5.3　实验数据的二元线性回归分析

在科学实验中，会遇到一个随机变量与两个普通变量之间的相关关系。研究这种一个随机变量同其他两个普通变量之间相关关系的主要方法是二元回归分析。以下我们重点讨论二元线性回归分析（two-linear regression analysis）。

1. 建立二元线性回归方程

设随机变量 y 与两个普通自变量 x_1，x_2 之间存在线性相关关系，可近似表示为二元线性函数关系式：

$$y = b_0 + b_1 x_1 + b_2 x_2 \tag{2-189}$$

式中 b_0，b_1，b_2 为待定参数。通过实验可以得到 n 组实验数据：

$$(x_{i1}, x_{i2}, y_i), \qquad 1 \leqslant i \leqslant n$$

为了使配置的二元线性函数 $y = b_0 + b_1 x_1 + b_2 x_2$ 所画出的平面，最接近 n 个实验点 (x_{i1}, x_{i2}, y_i)，需要有反映 n 个点与平面方程接近程度的量化指标，通常用偏差平方和：

$$Q(b_0, b_1, b_2) = \sum_{i=1}^{n} \left[y_i - (b_0 + b_1 x_{i1} + b_2 x_{i2}) \right]^2 \tag{2-190}$$

作为评价指标，用它反映 n 个实验点对配置平面的总偏离程度，这里 b_0，b_1 和 b_2 为待定参数。显然，只有 $Q(b_0, b_1, b_2)$ 的值取到最小值时，配置的平面与 n 个实验点拟合程度才最好，确定出估计值 $\hat{b}_0$，$\hat{b}_1$ 和 $\hat{b}_2$ 才是我们所需要的。

为了使 $Q(b_0, b_1, b_2)$ 取到最小值，可使用高等数学中的最小二乘法，建立偏导数方程组，解此方程组，即可得到待定参数 b_0，b_1 和 b_2 的估计值 $\hat{b}_0$，$\hat{b}_1$ 和 $\hat{b}_2$（详细推导过程略）。可以验证 $\hat{b}_0$，$\hat{b}_1$ 和 $\hat{b}_2$ 能使 $Q(b_0, b_1, b_2)$ 取得最小值，从而它们分别是 b_0，b_1 和 b_2 的最好估计值，进而得到线性函数 $y = b_0 + b_1 x_1 + b_2 x_2$ 的最好估计式：

$$\hat{y} = \hat{b}_0 + \hat{b}_1 x_1 + \hat{b}_2 x_2 \tag{2-191}$$

式（2-191）称为回归值 $\hat{y}$ 关于 x_1，x_2 的二元线性回归方程，它的图形是一个平面，称为回归平面，其中 $\hat{b}_1$，$\hat{b}_2$ 称为回归系数，$\hat{b}_0$ 称为常数项。

建立二元线性回归方程的基本步骤：

（1）列表计算

自变量 x_1 取一组数据 x_{11}，x_{21}，$\cdots$，x_{n1}，其平均值为 $\overline{x}_1$；

自变量 x_2 取一组数据 x_{12}，x_{22}，$\cdots$，x_{n2}，其平均值为 $\overline{x}_2$；

相应的实验数据为 y_1，y_2，$\cdots$，y_n，其平均值为 $\overline{y}$。

将以上数据及所需的计算填写在表 2-39 中。

二元线性回归实验数据计算表　　　　　　表 2-39

实验号	x_{i1}	x_{i2}	y_i	x_{i1}^2	x_{i2}^2	y_i^2	$x_{i1}x_{i2}$	$x_{i1}y_i$	$x_{i2}y_i$
1	x_{11}	x_{12}	y_1	x_{11}^2	x_{12}^2	y_1^2	$x_{11}x_{12}$	$x_{11}y_1$	$x_{12}y_1$
2	x_{21}	x_{22}	y_2	x_{21}^2	x_{22}^2	y_2^2	$x_{21}x_{22}$	$x_{21}y_2$	$x_{22}y_2$
$\vdots$	$\vdots$	$\vdots$	$\vdots$	$\vdots$	$\vdots$	$\vdots$	$\vdots$	$\vdots$	$\vdots$
n	x_{n1}	x_{n2}	y_n	x_{n1}^2	x_{n2}^2	y_n^2	$x_{n1}x_{n2}$	$x_{n1}y_n$	$x_{n2}y_n$
列和 $\sum$	$\sum\limits_{i=1}^{n} x_{i1}$	$\sum\limits_{i=1}^{n} x_{i2}$	$\sum\limits_{i=1}^{n} y_i$	$\sum\limits_{i=1}^{n} x_{i1}^2$	$\sum\limits_{i=1}^{n} x_{i2}^2$	$\sum\limits_{i=1}^{n} y_i^2$	$\sum\limits_{i=1}^{n} x_{i1}x_{i2}$	$\sum\limits_{i=1}^{n} x_{i1}y_i$	$\sum\limits_{i=1}^{n} x_{i2}y_i$
$\sum/n$	$\overline{x}_1$	$\overline{x}_2$	$\overline{y}$						

（2）利用公式计算出各偏差平方和

为了计算上的方便，我们引入几个偏差平方和，下面介绍它们的定义和计算公式。

1）偏差平方和 $L_{x_1 x_1}$ 的定义为：

$$L_{x_1 x_1} = \sum_{i=1}^{n} (x_{i1} - \overline{x}_1)^2 \qquad (2\text{-}192)$$

式（2-192）经推导和化简，可得到简便的 $L_{x_1 x_1}$ 的计算公式：

$$L_{x_1 x_1} = \sum_{i=1}^{n} x_{i1}^2 - \frac{1}{n} \left(\sum_{i=1}^{n} x_{i1} \right)^2 \qquad (2\text{-}193)$$

2）偏差平方和 $L_{x_2 x_2}$ 的定义为：

$$L_{x_2 x_2} = \sum_{i=1}^{n} (x_{i2} - \overline{x}_2)^2 \qquad (2\text{-}194)$$

式（2-194）经推导和化简，可得到简便的 $L_{x_2 x_2}$ 的计算公式：

$$L_{x_2 x_2} = \sum_{i=1}^{n} x_{i2}^2 - \frac{1}{n} \left(\sum_{i=1}^{n} x_{i2} \right)^2 \qquad (2\text{-}195)$$

3）偏差平方和 $L_{x_1 x_2}$，$L_{x_2 x_1}$ 的定义为：

$$L_{x_1 x_2} = L_{x_2 x_1} = \sum_{i=1}^{n} (x_{i1} - \overline{x}_1)(x_{i2} - \overline{x}_2) \qquad (2\text{-}196)$$

式（2-196）经推导和化简，可得到简便的 $L_{x_1 x_2}$，$L_{x_2 x_1}$ 的计算公式：

$$L_{x_1 x_2} = L_{x_2 x_1} = \sum_{i=1}^{n} x_{i1} x_{i2} - \frac{1}{n} \left(\sum_{i=1}^{n} x_{i1} \right) \left(\sum_{i=1}^{n} x_{i2} \right) \qquad (2\text{-}197)$$

4）偏差平方和 $L_{x_1 y}$ 的定义为：

$$L_{x_1 y} = \sum_{i=1}^{n} (x_{i1} - \overline{x}_1)(y_i - \overline{y}) \qquad (2\text{-}198)$$

式（2-198）经推导和化简，可得到简便的 $L_{x_1 y}$ 的计算公式：

$$L_{x_1 y} = \sum_{i=1}^{n} x_{i1} y_i - \frac{1}{n} \left(\sum_{i=1}^{n} x_{i1} \right) \left(\sum_{i=1}^{n} y_i \right) \qquad (2\text{-}199)$$

5）偏差平方和 $L_{x_2 y}$ 的定义为：

$$L_{x_2 y} = \sum_{i=1}^{n} (x_{i2} - \overline{x}_2)(y_i - \overline{y}) \qquad (2\text{-}200)$$

式（2-200）经推导和化简，可得到简便的 $L_{x_2 y}$ 的计算公式：

$$L_{x_2 y} = \sum_{i=1}^{n} x_{i2} y_i - \frac{1}{n} \left(\sum_{i=1}^{n} x_{i2} \right) \left(\sum_{i=1}^{n} y_i \right) \qquad (2\text{-}201)$$

6）偏差平方和 L_{yy} 的定义为：

$$L_{yy} = \sum_{i=1}^{n} (y_i - \overline{y})^2 \qquad (2\text{-}202)$$

式（2-202）经推导和化简，可得到简便的 L_{yy} 的计算公式：

$$L_{yy} = \sum_{i=1}^{n} y_i^2 - \frac{1}{n} \left(\sum_{i=1}^{n} y_i \right)^2 \qquad (2\text{-}203)$$

（3）建立方程组，求得回归系数 $\hat{b}_1$，$\hat{b}_2$

建立二元线性方程组为：

$$\begin{cases} L_{x_1 x_1} \hat{b}_1 + L_{x_1 x_2} \hat{b}_2 = L_{x_1 y} \\ L_{x_2 x_1} \hat{b}_1 + L_{x_2 x_2} \hat{b}_2 = L_{x_2 y} \end{cases} \qquad (2\text{-}204)$$

解方程组，得到回归系数 $\hat{b}_1$，$\hat{b}_2$：

$$\hat{b}_1 = \frac{L_{x_1 y} L_{x_2 x_2} - L_{x_2 y} L_{x_1 x_2}}{L_{x_1 x_1} L_{x_2 x_2} - L_{x_1 x_2} L_{x_2 x_1}} \tag{2-205}$$

$$\hat{b}_2 = \frac{L_{x_2 y} L_{x_1 x_1} - L_{x_1 y} L_{x_2 x_1}}{L_{x_1 x_1} L_{x_2 x_2} - L_{x_1 x_2} L_{x_2 x_1}} \tag{2-206}$$

（4）利用下面公式计算出常数项 $\hat{b}_0$

$$\hat{b}_0 = \bar{y} - \hat{b}_1 \bar{x}_1 - \hat{b}_2 \bar{x}_2 \tag{2-207}$$

上式中，$\bar{y} = \dfrac{1}{n} \sum\limits_{i=1}^{n} y_i$，$\bar{x}_1 = \dfrac{1}{n} \sum\limits_{i=1}^{n} x_{i1}$，$\bar{x}_2 = \dfrac{1}{n} \sum\limits_{i=1}^{n} x_{i2}$。

（5）建立二元线性回归方程

在得到 $\hat{b}_0$，$\hat{b}_1$，$\hat{b}_2$ 的值后，建立式（2-191）的二元线性回归方程式，即：

$$\hat{y} = \hat{b}_0 + \hat{b}_1 x_1 + \hat{b}_2 x_2$$

2. 用复相关系数检验建立的二元线性回归方程的显著性

类似于一元线性回归的相关系数 r，在二元线性回归分析中，复相关系数（multiple correlation coefficient）R 是反映了一个变量 y 与两个变量 x_1，x_2 之间线性相关关系程度的一个数字特征。复相关系数 R 一般取正值，其定义为：

$$R = \sqrt{\frac{\hat{b}_1 L_{x_1 y} + \hat{b}_2 L_{x_2 y}}{L_{yy}}} \tag{2-208}$$

这里 $0 \leqslant R \leqslant 1$，当 R 值越往 1 接近时，表明 y 与 x_1，x_2 之间存在线性相关程度越密切，显著性程度越高；当 R 值越往 0 接近时，表明 y 与 x_1，x_2 之间存在线性相关程度越不密切，显著性程度越差。

在下面要用到：n 表示实验次数，m 表示自变量个数，对二元线性回归方程，$m=2$。

复相关系数检验法基本步骤如下：

（1）应用公式（2-208），计算出复相关系数 R。

（2）根据显著性水平 $\alpha = 0.05$ 和 $\alpha = 0.01$，及 $m=2$，$n-m-1 = n-3$ 的值，查书后附表 6 相关系数临界值表，得临界值 $R_{0.05}(n-3)$ 和 $R_{0.01}(n-3)$。

（3）判断

当 $R \leqslant R_{0.05}(n-3)$ 时，变量 y 与 x_1，x_2 间线性相关不显著，说明建立的回归方程是不显著的；

当 $R_{0.05}(n-3) < R \leqslant R_{0.01}(n-3)$ 时，变量 y 与 x_1，x_2 间线性相关一般显著，说明建立的回归方程是一般显著的；

当 $R > R_{0.01}(n-3)$ 时，变量 y 与 x_1，x_2 间线性相关高度显著，说明建立的回归方程是高度显著的。

3. 二元线性回归方程的精度估计

用残差标准差，也称为剩余标准差，作为衡量二元线性回归方程的精度，或表示求得回归平面的精度，其定义为：

$$S_{\text{残}} = \sqrt{\frac{Q_e}{n-3}} = \sqrt{\frac{1}{n-3} \sum_{i=1}^{n} (y_i - \hat{y}_i)^2} \tag{2-209}$$

在这里，$Q_e = \sum_{i=1}^{n} (y_i - \hat{y}_i)^2$，称为残差平方和，又称剩余平方和；$\hat{y}_i$ 表示通过二元线性回归方程所得的回归值，即 $\hat{y}_i = \hat{b}_0 + \hat{b}_1 x_{i1} + \hat{b}_2 x_{i2}$。

计算二元线性回归方程的残差标准差经常使用下面公式：

$$S_{残} = \sqrt{\frac{L_{yy} - \hat{b}_1 L_{x_1 y} - \hat{b}_2 L_{x_2 y}}{n-3}} \tag{2-210}$$

残差标准差越小，即实验值 y_i 与相对应的回归值 $\hat{y}_i$ 的偏差平方和越小，表示各实验点越靠近回归平面，建立的二元线性回归方程的精度越高；残差标准差越大，表示各实验点在回归平面上下分散得远，建立的二元线性回归方程的精度越差。

4. 实验值的预报值和预报区间

二元线性回归的预报是：当 $x_1 = x_{01}$，$x_2 = x_{02}$ 时，推测相应的实验值 y_0 取何值及大致在什么范围，这就是所谓的预报值及预报区间问题。

（1）当给定的 x_{01}，x_{02} 与 $\overline{x}_1$，$\overline{x}_2$ 很接近时，在 $x_1 = x_{01}$，$x_2 = x_{02}$ 处，通过回归方程，求得回归值 $\hat{y}_0 = \hat{b}_0 + \hat{b}_1 x_{01} + \hat{b}_2 x_{02}$，$\hat{y}_0$ 作为相应的实验值 y_0 的预报值。

给定显著性水平 α，按自由度 $n-3$（n 为实验次数），从书后 t 分布表查出临界值 $t_{\frac{\alpha}{2}}(n-3)$；

计算出残差标准差 $S_{残}$；

在 $x_1 = x_{01}$，$x_2 = x_{02}$ 处，相应的实验值 y_0 的概率为 $100(1-\alpha)\%$ 的预报区间估计为：

$$\left(\hat{y}_0 \pm t_{\frac{\alpha}{2}}(n-3) S_{残} \sqrt{1 + \frac{1}{n}} \right) \tag{2-211}$$

（2）预报区间的简单估计

当实验次数 n 很大时，且 x_{01}，x_{02} 与 $\overline{x}_1$，$\overline{x}_2$ 很接近时，在 $x_1 = x_{01}$，$x_2 = x_{02}$ 处，相应的实验值 y_0 的预报区间简单估计如下：

概率为 68.3%，y_0 的预报区间为：$(\hat{y}_0 \pm S_{残})$；

概率为 95.4%，y_0 的预报区间为：$(\hat{y}_0 \pm 2S_{残})$；

概率为 99.7%，y_0 的预报区间为：$(\hat{y}_0 \pm 3S_{残})$。

5. 因素对实验结果影响的分析

在二元线性回归中，两个因素对实验结果的影响是不同的，那么，哪一个因素更重要，对实验结果的影响更大一些呢？下面介绍四种判断因素主次的方法。

（1）"标准回归系数"的绝对值比较法

在二元线性回归中，两个实验因素对实验结果的影响是不相等的，那么，哪一个因素更重要，对实验结果的影响更大一些呢？可根据"标准回归系数"B_i 的绝对值大小就可以判断因素 x_i 对实验结果 y 的重要程度。

标准回归系数的定义为：

$$B_1 = \hat{b}_1 \sqrt{\frac{L_{x_1 x_1}}{L_{yy}}} \tag{2-212}$$

$$B_2 = \hat{b}_2 \sqrt{\frac{L_{x_2 x_2}}{L_{yy}}} \tag{2-213}$$

比较 $|B_1|$ 和 $|B_2|$，哪个值大，哪个值对应的因素就越重要。

（2）"偏回归平方和"比较法

研究实验结果 y 与因素 x_1 和 x_2 的相关关系时，我们有时需要分析实验结果 y 与这两个因素中某一个因素 x_1 或 x_2 的相关关系。例如，把因素 x_2 固定在不变条件下，分析实验结果 y 与因素 x_1 的相关关系，则称为 y 对 x_1 的偏相关关系。描写偏相关关系程度的特征量，可用偏回归平方和来表示。

偏回归平方和的定义为：

$$P_1 = \hat{b}_1^2 \left(L_{x_1 x_1} - \frac{L_{x_1 x_2}^2}{L_{x_2 x_2}} \right) \tag{2-214}$$

$$P_2 = \hat{b}_2^2 \left(L_{x_2 x_2} - \frac{L_{x_1 x_2}^2}{L_{x_1 x_1}} \right) \tag{2-215}$$

比较 P_1 和 P_2 值的大小，大者为主要因素，小者为次要因素。

（3）T 值判断法

在二元线性回归中，分析因素 x_i 对实验结果 y 影响的大小，也可以用 T 值判断法，其定义为：

$$T_i = \frac{\sqrt{P_i}}{S_{残}} \qquad (i = 1, 2) \tag{2-216}$$

式中 T_i 称为因素 x_i 的 T 值；式中 P_i 表示偏回归平方和，由式（2-214）、式（2-215）求得；式中 $S_{残}$ 表示残差标准差，由式（2-210）求得。T_i 值越大，认为因素 x_i 越重要。根据实践经验，可得如下结论：

当 $T_i \leqslant 1$ 时，则认为因素 x_i 对实验结果 y 影响不大，可将它从回归方程中剔除；

当 $1 < T_i \leqslant 2$ 时，则认为因素 x_i 对实验结果 y 有一定的影响，应在回归方程中保留；

当 $T_i > 2$ 时，则认为因素 x_i 对实验结果 y 有重要影响，x_i 为重要因素。

（4）t 检验法

可用 t 检验法来判断因素 x_i 的重要程度，精确程度更高一些。

根据给定的显著性水平 α，及自由度 $n-3$（n 为实验次数），查书后附表 5 的 t 分布表，得临界值 $t_{\frac{\alpha}{2}}(n-3)$；利用式（2-216），计算出 T_i 值。

当 $T_i > t_{\frac{\alpha}{2}}(n-3)$ 时，则认为因素 x_i 对实验结果 y 有显著影响；

当 $T_i \leqslant t_{\frac{\alpha}{2}}(n-3)$ 时，则认为因素 x_i 对实验结果 y 无显著影响，可将因素 x_i 从回归方程中去掉，以简化回归方程。

总之，"标准回归系数"的绝对值 $|B_i|$ 和"偏回归平方和"P_i（这里 $i = 1, 2$）用于比较 x_1、x_2 在回归方程中的主次地位，找出主要因素；而通过 T 值的计算，决定次要因素是否应从回归方程中剔除。

例 2-16　在某一项科学实验中，做了 $n = 11$ 次实验，发现转化率 $y(\%)$ 与温度 x_1 及时间 x_2 都有关系，实验数据见表 2-40。

温度 x_1	136.5	136.5	136.5	138.5	138.5	138.5	140.5	140.5	140.5	138.5	138.5
时间 x_2	215	250	180	250	180	215	180	215	250	215	215
转化率 y(%)	6.2	7.5	4.8	5.1	4.6	4.6	2.8	3.1	4.3	4.9	4.1

（1）试建立 y 关于 x_1，x_2 的二元线性回归方程；

（2）对二元线性回归方程作显著性分析（取显著性水平 $\alpha=0.01$）；

（3）给定显著性水平 $\alpha=0.01$，试求当 $x_1=138.2$，$x_2=214$ 时，相应的转化率 y_0 的预报值及概率为 99% 的预报区间；

（4）分析因素的主次顺序和因素对实验结果影响的显著性（$\alpha=0.01$）。

解　（1）建立二元线性回归方程

利用本节介绍的相关计算公式，经计算得各偏差平方和的值：

$$n=11，\quad \overline{x}_1=138.5，\quad \overline{x}_2=215，\quad \overline{y}=4.727$$

$$L_{x_1x_1}=24.0，\quad L_{x_2x_2}=7350，\quad L_{x_1x_2}=L_{x_2x_1}=0$$

$$L_{x_1y}=-16.6，\quad L_{x_2y}=164.5，\quad L_{yy}=17.0$$

使用公式（2-204），建立二元线性方程组：

$$\begin{cases} 24.0\hat{b}_1+0\times\hat{b}_2=-16.6 \\ 0\times\hat{b}_1+7350\hat{b}_2=164.5 \end{cases}$$

解方程组得到：

$$\hat{b}_1=-\frac{16.6}{24.0}=-0.692，\quad \hat{b}_2=\frac{164.5}{7350}=0.0224$$

使用公式（2-207），求常数项 $\hat{b}_0$：

$$\begin{aligned}\hat{b}_0&=\overline{y}-\hat{b}_1\overline{x}_1-\hat{b}_2\overline{x}_2 \\ &=4.727-(-0.692)\times138.5-0.0224\times215=95.753\end{aligned}$$

故所求二元线性回归方程为：

$$\hat{y}=\hat{b}_0+\hat{b}_1x_1+\hat{b}_2x_2=95.753-0.692x_1+0.0224x_2$$

（2）对建立的二元线性回归方程作显著性分析

根据公式（2-208）计算复相关系数：

$$\begin{aligned}R&=\sqrt{\frac{\hat{b}_1L_{x_1y}+\hat{b}_2L_{x_2y}}{L_{yy}}} \\ &=\sqrt{\frac{-0.692\times(-16.6)+0.0224\times164.5}{17.0}}=0.945\end{aligned}$$

根据显著性水平 $\alpha=0.01$，以及自变量的个数 $m=2$，$n-m-1=11-3=8$，查书后附表 6 相关系数临界值表，得临界值 $R_{0.01}(8)=0.827$。

因 $R=0.945>0.827=R_{0.01}(8)$，故建立的二元线性回归方程是高度显著的。

（3）转化率的预报值及预报区间

当 $x_1=138.2$，$x_2=214$ 时，相应的转化率 y_0 的预报值为：

$$\hat{y}_0 = 95.753 - 0.692 \times 138.2 + 0.0224 \times 214 = 4.912$$

由公式（2-210），计算出残差标准差：

$$S_{残} = \sqrt{\frac{L_{yy} - \hat{b}_1 L_{x_1 y} - \hat{b}_2 L_{x_2 y}}{n-3}}$$

$$= \sqrt{\frac{17.0 - (-0.692)(-16.6) - 0.0224 \times 164.5}{8}} = 0.478$$

根据给定显著性水平 $\alpha = 0.01$，及自由度 $n-3 = 8$，从 t 分布表查出临界值 $t_{\frac{\alpha}{2}}(n-3) = t_{0.005}(8) = 3.3554$，代入下式，并计算出结果，得：

$$t_{\frac{\alpha}{2}}(n-3)S_{残}\sqrt{1+\frac{1}{n}} = 3.3554 \times 0.478 \times \sqrt{1+\frac{1}{11}} = 1.675$$

当 $x_1 = 138.2$，$x_2 = 214$ 时，由前面给出的预报区间（2-211），并代入上面求出的结果，求得相应的转化率 y_0 的概率为 $100(1-\alpha)\% = 99\%$ 的预报区间估计为：

$$(4.912 \pm 1.675) = (3.237, 6.587)$$

（4）分析因素的主次顺序和因素对实验结果影响的显著性

1）用标准回归系数的绝对值比较法

由公式（2-212）和公式（2-213）得：

$$B_1 = \hat{b}_1 \sqrt{\frac{L_{x_1 x_1}}{L_{yy}}} = (-0.692) \times \sqrt{\frac{24.0}{17.0}} = -0.822$$

$$B_2 = \hat{b}_2 \sqrt{\frac{L_{x_2 x_2}}{L_{yy}}} = 0.0224 \times \sqrt{\frac{7350}{17.0}} = 0.466$$

由于 $|B_1| > |B_2|$，故温度（x_1）与时间（x_2）相比，温度因素更重要。

2）用偏回归平方和比较法

由公式（2-214）和公式（2-215）得：

$$P_1 = \hat{b}_1^2 \left(L_{x_1 x_1} - \frac{L_{x_1 x_2}^2}{L_{x_2 x_2}}\right) = (-0.692)^2 \times \left(24.0 - \frac{0^2}{7350}\right) = 11.493$$

$$P_2 = \hat{b}_2^2 \left(L_{x_2 x_2} - \frac{L_{x_1 x_2}^2}{L_{x_1 x_1}}\right) = 0.0224^2 \times \left(7350 - \frac{0^2}{24.0}\right) = 3.688$$

由于 $P_1 > P_2$，温度因素更重要。由此可见，使用两种比较方法得出结论一致。

3）用 T 值判断法

由公式（2-216）得：

$$T_1 = \frac{\sqrt{P_1}}{S_{残}} = \frac{\sqrt{11.493}}{0.478} = 7.092$$

$$T_2 = \frac{\sqrt{P_2}}{S_{残}} = \frac{\sqrt{3.688}}{0.478} = 4.018$$

T_1 和 T_2 值均大于2，说明温度和时间两个因素都是不可忽略的重要因素。

4）用 t 检验法

对于给定的显著性水平 $\alpha = 0.01$，$n = 11$，查 t 分布表（书后附表5），得临界值

$t_{\frac{a}{2}}(n-3)=t_{0.005}(8)=3.3554$，由于 $T_i>t_{0.005}(8)$，$i=1$，2，说明温度和时间两个因素对实验结果（转化率）y 都有显著影响。

2.6 均匀实验设计及其应用

2.6.1 均匀设计概念与均匀设计表

均匀实验设计简称均匀设计（uniform design），它是一种只考虑实验点在实验范围内均匀散布的一种实验设计方法。与正交实验设计类似，均匀设计也是通过一套精心编排的均匀设计表来安排实验的。由于均匀设计只考虑实验点"均匀散布"，而不考虑其他条件，因而可以大大减少实验次数，这是它与正交实验设计的最大不同之处。例如，要安排四个五水平因素的实验，若采用正交实验设计来安排实验，可用正交表 $L_{25}(5^6)$ 来安排实验，则实验次数需要做 25 次实验。若采用均匀设计，使用均匀设计表 $U_5(5^4)$ 来安排实验，则只需要做 5 次实验。可见，均匀设计在实验因素变化范围较大，需要取较多水平时，可以极大地减少实验次数。均匀设计是由我国数学家中国科学院院士王元和方开泰研究员首先提出的，目的是解决导弹弹道系统的指挥仪设计问题。

均匀设计表是均匀设计的基础，与正交表类似。等水平均匀设计表的记号为 $U_n(b^m)$，其中 U 表示均匀设计表，U 下角的数字 n 表示表中横行数（以后简称行），即要做的实验次数；括号内的指数 m 表示表中直列数（以后简称列），即最多允许安排的因素个数；括号内的底数 b，表示每列出现不同数字的个数，或因素的水平数；因素的水平数 b 与实验次数 n 相等。

表 2-41 为均匀设计表。该表的记号是 $U_6(6^6)$，表示这张表有 6 行 6 列，每个因素都有 6 个水平。又如均匀设计表 $U_7(7^6)$，见书后附表 2 中的（2），表示这张表有 7 行 6 列，每个因素都有 7 个水平。书后附表 2 中给出了常用的均匀设计表。

均匀设计表 $U_6(6^6)$						表 2-41
列号 实验号	1	2	3	4	5	6
1	1	2	3	4	5	6
2	2	4	6	1	3	5
3	3	6	2	5	1	4
4	4	1	5	2	6	3
5	5	3	1	6	4	2
6	6	5	4	3	2	1

$U_6(6^6)$ 的使用表						表 2-42
因素数			列号			
2	1	3				
3	1	2	3			
4	1	2	3	6		
5	1	2	3	4	6	
6	1	2	3	4	5	6

下面列举均匀设计表的一些特点：

（1）表中每列不同数字都只出现一次，也就是说每个因素的每个水平只做一次实验。

（2）表中任意两个因素的水平组合点 (i, j)，点在平面的格子点上，每行每列有且仅有一个实验点。图 2-9 是均匀设计表 $U_6(6^6)$（表 2-41）中的第 1 列和第 3 列各水平的组合点 (i, j)，点在平面格子点上的实验点分布图，可见每行每列只有一个实验点。

特点（1）和（2）反映了用均匀设计表来安排实验，实验点分布的"均衡性"，其实验后反映出来的信息是全面的。

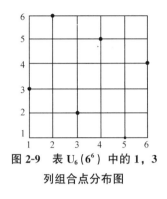

图 2-9 表 $U_6(6^6)$ 中的 1，3
列组合点分布图

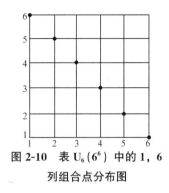

图 2-10 表 $U_6(6^6)$ 中的 1，6
列组合点分布图

（3）均匀设计表中任两列之间组成的实验方案不一定是等价的。例如，用表 $U_6(6^6)$ 的 1，3 列和 1，6 列的各水平组合点 (i, j)，分别点在平面的格子点上，实验点分布图为图 2-9 和图 2-10。不难发现，图 2-9 的实验点分布比较均匀，而图 2-10 的实验点分布并不均匀。因此，使用均匀设计表时不能随意选择列，而应当选择列与列之间均匀性比较好的列。为了选择比较好的列，书后附表 2 给出的均匀设计表，每个表都附带一个使用表。表 2-42 就是均匀设计表 $U_6(6^6)$ 的使用表。从表 2-42 看到，考察 2 个因素时，用表 $U_6(6^6)$ 的 1，3 两列安排实验；考察 4 个因素时，用表 $U_6(6^6)$ 的 1，2，3，6 四列安排实验。使用均匀设计时，只有遵循使用表的规定，才能达到较好的效果。

（4）均匀设计表中，水平数为奇数的表和水平数为偶数的表之间，具有确定的关系。将奇数表减去最后一行，就得到了水平数比原奇数表少 1 的偶数表，相应地实验次数也少一次，而使用表不变。例如，对书后附表 2 中的表（2），即表 $U_7(7^6)$，减去最后一行，就得到了偶数表 $U_6(6^6)$，使用表不变，仍是 $U_7(7^6)$ 的使用表。因此，书后附表 2 仅给出了水平数为奇数的均匀设计表。

（5）等水平的均匀设计表的实验次数与水平数是一致的，所以当因素的水平数增加时，实验数按水平数的增加数在增加。例如，考虑一个 4 因素的实验，当水平数从 4 水平增加到 5 水平，均匀设计表的实验数也从 4 增加到 5，使用的均匀设计表是从 $U_4(4^4)$ 到 $U_5(5^4)$，实验次数增加 1 次，见书后附表。但对于等水平正交实验，当水平从 4 增加到 5 时，实验次数一般要从 16 增加到 25，按平方关系增加，使用的正交表是从 $L_{16}(4^5)$ 到 $L_{25}(5^6)$，实验次数增加 9 次，见书后附表。可见，均匀设计中增加因素水平时，仅使实验工作量稍有增加，这是均匀设计的最大特点。由于这个特点，使均匀设计更便于应用。

2.6.2 均匀设计的基本步骤

均匀实验设计的步骤与正交实验设计的步骤基本相似，但也有一些不同之处。基本步骤如下：

（1）明确实验目的，确定实验指标。如果实验要考察多个指标，还要将各指标进行综合分析。

（2）选择实验因素。根据实际经验和专业知识，挑选出对实验指标影响较大的因素。

（3）确定因素的水平。先确定各因素的取值范围，然后在这个范围内取适当的水平，且采取随机排列因素的水平序号。

（4）选择均匀设计表。这是均匀设计很关键的一步，一般根据实验的因素数和水平数来选择。

（5）进行表头设计。根据实验的因素数和该均匀表对应的使用表，将各因素安排在均匀设计表相应的列中。均匀设计表中的空列，在分析实验结果时不用列出。

（6）明确实验方案，进行实验。

（7）实验结果统计分析。可采用直观分析法和回归分析法。

1）直观分析法：直接对所得到的几个实验结果进行比较，从中选出实验指标最好的对应的那号实验，即为较优的实验方案。

2）回归分析法：均匀设计的回归分析一般为多元回归分析，通过回归分析可以建立实验指标与影响因素之间的回归方程。分析建立的回归方程，确定出优实验方案。

2.6.3　均匀设计的应用

下面我们讨论如何分析均匀设计的实验结果。

例 2-17　在某一科研项目中，为了提高某种物质的转化率y（％），选定两个因素，都取 9 个水平，做了 $n=9$ 次实验，实验数据见表 2-43。取显著性水平 $\alpha=0.01$，试使用均匀设计方法安排实验方案及分析实验结果。

因素水平表 表 2-43

因素＼水平	1	2	3	4	5	6	7	8	9
因素 $A(x_1)$	36.5	37.0	37.5	38.0	38.5	39.0	39.5	40.0	40.5
因素 $B(x_2)$	70	80	90	100	110	120	130	140	150

解　（1）均匀设计的实验方案设计

选用均匀设计表 $U_9(9^6)$，见书后附表 2 均匀设计表中的（3）。由表 $U_9(9^6)$ 的使用表可知，应将因素 A，B 安排在表 $U_9(9^6)$ 的 1，3 列上，实验方案与实验结果见表 2-44。

实验设计方案及实验结果表 表 2-44

实验号＼因素	$A(x_1)$	$B(x_2)$	实验结果 y（％）
1	1　(36.5)	4　(100)	5.8
2	2　(37.0)	8　(140)	6.3
3	3　(37.5)	3　(90)	4.9
4	4　(38.0)	7　(130)	5.4
5	5　(38.5)	2　(80)	4.0
6	6　(39.0)	6　(120)	4.5
7	7　(39.5)	1　(70)	3.0
8	8　(40.0)	5　(110)	3.6
9	9　(40.5)	9　(150)	4.1

（2）用直观分析法分析实验结果

实验结果指标 y 越大越好，则应选取指标大的对应的那号实验。从表 2-44 的实验结果表中可知，第 2 号实验的实验结果 6.3 为最大，第 2 号实验对应的条件：$x_1=37.0$，$x_2=140$，为较优的实验方案。

（3）用均匀设计的回归分析法分析实验结果

1）建立二元线性回归方程

用有关二元线性回归分析的偏差平方和计算公式，实验结果经计算得各偏差平方和的值：

$$实验次数\ n=9，\quad \overline{x}_1=38.5，\quad \overline{x}_2=110，\quad \overline{y}=4.622$$

$$L_{x_1x_1}=15，\quad L_{x_2x_2}=6000，\quad L_{x_1x_2}=L_{x_2x_1}=30$$

$$L_{x_1y}=-9.8，L_{x_2y}=110，L_{yy}=9.236$$

使用公式（2-204），建立二元线性方程组：

$$\begin{cases} 15\hat{b}_1+30\hat{b}_2=-9.8 \\ 30\hat{b}_1+6000\hat{b}_2=110 \end{cases}$$

解方程组，得：

$$\hat{b}_1=-0.6970，\quad \hat{b}_2=0.0218$$

使用公式（2-207），求常数项 $\hat{b}_0$：

$$\hat{b}_0=\overline{y}-\hat{b}_1\overline{x}_1-\hat{b}_2\overline{x}_2$$

$$=4.622-(-0.6970)\times38.5-0.0218\times110=29.0585$$

建立二元线性回归方程为：

$$\hat{y}=29.0585-0.6970x_1+0.0218x_2$$

2）用复相关系数 R 检验建立的二元线性回归方程的显著性

使用公式（2-208），计算复相关系数 R：

$$R=\sqrt{\frac{\hat{b}_1L_{x_1y}+\hat{b}_2L_{x_2y}}{L_{yy}}}=\sqrt{\frac{(-0.6970)\times(-9.8)+0.0218\times110}{9.236}}=0.9996$$

根据显著性水平 $\alpha=0.01$，及 $n=9$、$m=2$、$n-m-1=9-3=6$，查书后附表 6 相关系数临界值表，得临界值 $R_{0.01}(6)=0.886$。

因为 $R=0.9996>0.886=R_{0.01}(6)$，故建立的二元线性回归方程是高度显著的。

3）用"标准回归系数"的绝对值比较法，分析因素对实验结果的影响

使用公式（2-212）和公式（2-213），计算出标准回归系数：

$$B_1=\hat{b}_1\times\sqrt{\frac{L_{x_1x_1}}{L_{yy}}}=(-0.6970)\times\sqrt{\frac{15}{9.236}}=-0.888$$

$$B_2=\hat{b}_2\times\sqrt{\frac{L_{x_2x_2}}{L_{yy}}}=0.0218\times\sqrt{\frac{6000}{9.236}}=0.556$$

比较"标准回归系数"的绝对值 $|B_1|$ 与 $|B_2|$。由于 $|B_1| > |B_2|$，故因素 A（x_1）与因素 B（x_2）相比较，因素 A（x_1）更重要。

4）用均匀设计的回归分析法分析新建立的回归方程

用回归分析方法，分析新建立的二元线性回归方程。从总的变化趋势分析，回归值 $\hat{y}$ 随因素 x_1 的减少而增加，随因素 x_2 的增加而增加，故要使指标取得最好结果，见表 2-44 中所列的实验数据 x_1 与 x_2，因素 x_1 应取表中实验数据中最小值 36.5，因素 x_2 应取表中实验数据中最大值 150，得到一个新的水平组合。当 $x_1 = 36.5$，$x_2 = 150$ 时，应用新建立的二元线性回归方程，计算出的回归值 $\hat{y} = 6.9$，最大，故优实验方案为：$x_1 = 36.5$，$x_2 = 150$。

5）比较均匀设计的直观分析法和回归分析法

前面用直观分析法，得到的较优实验方案为：当因素 $x_1 = 37.0$，因素 $x_2 = 140$ 时，实验结果 $y = 6.3$，比用均匀设计的回归分析法，得到的优回归值 $\hat{y} = 6.9$ 要小，从而显示出使用均匀设计的回归分析法优越性。故最后分析出优实验方案为：$x_1 = 36.5$，$x_2 = 150$。

为了得到更优的实验方案，进一步分析上面新建立的二元线性回归方程，由于指标回归值 $\hat{y}$ 随因素 x_1 的减少而增加，随因素 x_2 的增加而增加，所以可将因素 x_1 的取值再适当减小一些，将因素 x_2 的取值再增大一些，也许可以得到更优的实验方案。

习　题

1. 已知某样品质量的称量结果为：65.3g±0.2g，试求最大相对误差。

2. 若滴定管的读数最大绝对误差为 0.02mL，滴定时用去标准溶液 20.00mL，则最大相对误差是：

    A. 0.2%　　　　B. 0.01%　　　　C. 1.0%　　　　D. 0.1%

3. 有两组实验值

        甲组：2.9，2.9，3.0，3.1，3.1；

        乙组：2.8，3.0，3.0，3.0，3.2。

求各组的平均值、平均误差及标准误差，并判断精密度的差异。

4. 在标定一种溶液浓度时，某同学的四次测定结果分别为：0.1023mol/L，0.1024mol/L，0.1022mol/L，0.1023mol/L，而实际结果应为 0.1048mol/L，对该学生的测定结果评价为：

    A. 准确度较好，但精密度较差　　　　B. 准确度较好，精密度也好

    C. 准确度较差，但精密度较好　　　　D. 准确度较差，精密度也较差

5. 将下列实验数据修约为四位有效数字：

        1.52841，　24.1267，　582.0517，　1581.508，　1580.50，　28.175。

6. 根据有效数字的运算规则分别计算下列算式的结果：

        （1）732.1 + 11.26 + 328.05 + 1.45；　　　（2）1.3048 × 236；

        （3）245 ÷ 12；　　　　　　　　　　　　（4）$\dfrac{3.25 \times 5.02 \times (10.50 - 0.10)}{5.15 \times 10^2}$；

        （5）$\sqrt{\dfrac{1.5 \times 10^{-8} \times 6.1 \times 10^{-8}}{3.3 \times 10^{-6}}}$。

7. 某生物处理实验，得到的实验数据见表 2-45 和表 2-46。

某天得到的实验数据表 表 2-45

数据来源 ＼ 实验号	1	2	3	4	5	6	7	8	9	10	11	12
进水流量 Q(m³/h)	0.32	0.33	0.31	0.32	0.33	0.34	0.31	0.32	0.33	0.32	0.31	0.32
污泥浓度 X_V(mg/L)		2988		3105		2765		2826		3060		3128
进水水质 S_0(mg/L)		598		620		525		632		610		580
出水水质 S_e(mg/L)		14		13		14		16		10		11

连续 10 天得到的均值表 表 2-46

数据来源 ＼ 实验号	1	2	3	4	5	6	7	8	9	10
进水流量 Q(m³/h)	0.32	0.33	0.30	0.34	0.31	0.33	0.33	0.29	0.33	0.32
污泥浓度 X_V(mg/L)	2979	3308	2765	3506	2748	2639	3108	2672	2960	3215
进水水质 S_0(mg/L)	594	618	627	640	570	565	604	582	590	615
出水水质 S_e(mg/L)	13	16	15	20	17	21	17	14	21	18

（1）试分析某天得到的实验数据中有无异常值（见表 2-45），使用格拉布斯检验法和拉依达检验法，给定显著性水平 $\alpha = 0.05$。

（2）试分析连续 10 天得到的均值中有无异常值（见表 2-46），使用拉依达检验法和狄克逊检验法，给定显著性水平 $\alpha = 0.05$。

8. 某生物处理实验数据见表 2-47，利用方差分析法，试在显著性水平 $\alpha = 0.01$ 下，分析污泥负荷 N_S 对出水水质 S_e 影响的显著性。

实验数据表 表 2-47

污泥负荷 ＼ 出水水质 ＼ 实验号	1	2	3	4	5	6	7
0.15	11.9	12.0	12.3	12.1	11.8	11.9	12.3
0.25	16.3	16.2	15.7	15.8	16.4	16.3	16.0
0.35	21.5	21.2	21.7	22.0	21.0	21.9	22.0

9. 利用第 1 章习题中的第 11 题实验结果，使用正交实验方差分析法，试分析各实验因素对实验结果影响的显著性。（取显著性水平 $\alpha = 0.05$）

10. 利用第 1 章习题中的第 12 题实验结果，使用正交实验方差分析法，试分析各实验因素对实验结果影响的显著性。（取显著性水平 $\alpha = 0.05$）

11. 利用第 1 章习题中的第 13 题实验结果，若重复一次后出水浊度依次为：

0.76，0.72，0.83，0.91，0.50，0.60，0.67，0.80，0.40

利用两组测定实验结果，试进行有重复实验的正交实验方差分析。（取显著性水平 $\alpha = 0.01$）

12. 某生物处理实验，测定实验数据见表 2-48。利用回归分析法，试建立出水水质 S_e 对污泥负荷

N_S 的一元线性回归方程，并在显著性水平 $\alpha=0.01$ 下检验所建立的回归方程的显著性。

实验号 数据来源	1	2	3	4	5	6	7
污泥负荷 N_S(kg/(kg·d))	0.15	0.20	0.25	0.30	0.35	0.40	0.50
出水水质 S_e(mg/L)	17.2	24.8	30.5	35.4	42.1	48.0	62.0

13. 某项科学实验，得到了三组实验数据，见表 2-49～表 2-51。

第一组的实验数据表   表 2-49

x	0.17	0.25	0.37	0.45	0.55	0.65	0.75	0.85	1.05	1.30	1.48
y	9.68	22.9	12.7	13.72	9.22	16.24	5.77	15.19	4.53	0.99	1.33

第二组的实验数据表   表 2-50

x	0.17	0.22	0.27	0.32	0.37	0.42	0.47	0.52	0.57	0.72	0.82	0.95	1.20
y	12.43	7.62	6.89	9.66	11.21	8.67	3.68	2.47	4.82	3.20	1.70	1.28	1.62

第三组的实验数据表   表 2-51

x	0.18	0.22	0.28	0.32	0.38	0.58	0.58
y	9.48	5.35	5.06	6.19	6.61	3.75	2.80

利用上述实验数据，对三组数据分别进行回归分析，试建立出 y 对 x 的一元线性回归方程，并在显著性水平 $\alpha=0.05$ 和 $\alpha=0.01$ 条件下，检验建立的一元线性回归方程的显著性。

14. 用残差标准差（剩余标准差）$S_{残}$ 作为衡量建立的一元线性回归方程、一元非线性回归方程和二元线性回归方程的精度，式（2-182）、式（2-188）和式（2-209）非常相似，哪一点是它们最大的区别？

15. 应用均匀实验设计的最大优点是什么？

16. 为了考察温度对某种物质转化率的影响，选取了五种不同的温度，在同一温度下各作 3 次实验，实验结果见表 2-52 所示，试问温度对某种物质转化率有无显著影响。

实验结果表   表 2-52

温度(℃)	某种物质转化率(%)			温度(℃)	某种物质转化率(%)		
60	90	92	88	75	84	83	88
65	97	93	92	80	84	86	82
70	96	96	93				

附录1 实验设计用表与临界值表

1. 二水平表

(1) $L_4(2^3)$

实验号	列 号		
	1	2	3
1	1	1	1
2	1	2	2
3	2	1	2
4	2	2	1

注：任意两列间的交互作用列是另外一列。

(2) $L_8(2^7)$

实验号	列 号						
	1	2	3	4	5	6	7
1	1	1	1	1	1	1	1
2	1	1	1	2	2	2	2
3	1	2	2	1	1	2	2
4	1	2	2	2	2	1	1
5	2	1	2	1	2	1	2
6	2	1	2	2	1	2	1
7	2	2	1	1	2	2	1
8	2	2	1	2	1	1	2

$L_8(2^7)$ 两列间的交互作用列表

列号 (列号)	1	2	3	4	5	6	7
(1)	(1)	3	2	5	4	7	6
(2)		(2)	1	6	7	4	5
(3)			(3)	7	6	5	4
(4)				(4)	1	2	3
(5)					(5)	3	2
(6)						(6)	1
(7)							(7)

(3) $L_{12}(2^{11})$

实验号	列 号										
	1	2	3	4	5	6	7	8	9	10	11
1	1	1	1	1	1	1	1	1	1	1	1
2	1	1	1	1	1	2	2	2	2	2	2
3	1	1	2	2	2	1	1	1	2	2	2
4	1	2	1	2	2	1	2	2	1	1	2

实验号	列　号										
	1	2	3	4	5	6	7	8	9	10	11
5	1	2	2	1	2	2	1	2	1	2	1
6	1	2	2	2	1	2	2	1	2	1	1
7	2	1	2	2	1	1	2	2	1	2	1
8	2	1	2	1	2	2	2	1	1	1	2
9	2	1	1	2	2	2	1	2	2	1	1
10	2	2	2	1	1	1	1	2	2	1	2
11	2	2	1	2	1	2	1	1	1	2	2
12	2	2	1	1	2	1	2	1	2	2	1

$$(4)\quad L_{16}(2^{15})$$

实验号	列　号														
	1	2	3	4	5	6	7	8	9	10	11	12	13	14	15
1	1	1	1	1	1	1	1	1	1	1	1	1	1	1	1
2	1	1	1	1	1	1	1	2	2	2	2	2	2	2	2
3	1	1	1	2	2	2	2	1	1	1	1	2	2	2	2
4	1	1	1	2	2	2	2	2	2	2	2	1	1	1	1
5	1	2	2	1	1	2	2	1	1	2	2	1	1	2	2
6	1	2	2	1	1	2	2	2	2	1	1	2	2	1	1
7	1	2	2	2	2	1	1	1	1	2	2	2	2	1	1
8	1	2	2	2	2	1	1	2	2	1	1	1	1	2	2
9	2	1	2	1	2	1	2	1	2	1	2	1	2	1	2
10	2	1	2	1	2	1	2	2	1	2	1	2	1	2	1
11	2	1	2	2	1	2	1	1	2	1	2	2	1	2	1
12	2	1	2	2	1	2	1	2	1	2	1	1	2	1	2
13	2	2	1	1	2	2	1	1	2	2	1	1	2	2	1
14	2	2	1	1	2	2	1	2	1	1	2	2	1	1	2
15	2	2	1	2	1	1	2	1	2	2	1	2	1	1	2
16	2	2	1	2	1	1	2	2	1	1	2	1	2	2	1

$L_{16}(2^{15})$ 两列间的交互作用列表

列号 (列号)	1	2	3	4	5	6	7	8	9	10	11	12	13	14	15
(1)	(1)	3	2	5	4	7	6	9	8	11	10	13	12	15	14
(2)		(2)	1	6	7	4	5	10	11	8	9	14	15	12	13
(3)			(3)	7	6	5	4	11	10	9	8	15	14	13	12
(4)				(4)	1	2	3	12	13	14	15	8	9	10	11
(5)					(5)	3	2	13	12	15	14	9	8	11	10
(6)						(6)	1	14	15	12	13	10	11	8	9
(7)							(7)	15	14	13	12	11	10	9	8
(8)								(8)	1	2	3	4	5	6	7
(9)									(9)	3	2	5	4	7	6
(10)										(10)	1	6	7	4	5
(11)											(11)	7	6	5	4
(12)												(12)	1	2	3
(13)													(13)	3	2
(14)														(14)	1
(15)															(15)

2. 三水平表

(5) $L_9(3^4)$

实验号	列 号			
	1	2	3	4
1	1	1	1	1
2	1	2	2	2
3	1	3	3	3
4	2	1	2	3
5	2	2	3	1
6	2	3	1	2
7	3	1	3	2
8	3	2	1	3
9	3	3	2	1

注：任意两列间的交互作用列是另外两列。

(6) $L_{27}(3^{13})$

实验号	列 号												
	1	2	3	4	5	6	7	8	9	10	11	12	13
1	1	1	1	1	1	1	1	1	1	1	1	1	1
2	1	1	1	1	2	2	2	2	2	2	2	2	2
3	1	1	1	1	3	3	3	3	3	3	3	3	3
4	1	2	2	2	1	1	1	2	2	2	3	3	3
5	1	2	2	2	2	2	2	3	3	3	1	1	1
6	1	2	2	2	3	3	3	1	1	1	2	2	2
7	1	3	3	3	1	1	1	3	3	3	2	2	2
8	1	3	3	3	2	2	2	1	1	1	3	3	3
9	1	3	3	3	3	3	3	2	2	2	1	1	1
10	2	1	2	3	1	2	3	1	2	3	1	2	3
11	2	1	2	3	2	3	1	2	3	1	2	3	1
12	2	1	2	3	3	1	2	3	1	2	3	1	2
13	2	2	3	1	1	2	3	2	3	1	3	1	2
14	2	2	3	1	2	3	1	3	1	2	1	2	3
15	2	2	3	1	3	1	2	1	2	3	2	3	1
16	2	3	1	2	1	2	3	3	1	2	2	3	1
17	2	3	1	2	2	3	1	1	2	3	3	1	2
18	2	3	1	2	3	1	2	2	3	1	1	2	3
19	3	1	3	2	1	3	2	1	3	2	1	3	2
20	3	1	3	2	2	1	3	2	1	3	2	1	3
21	3	1	3	2	3	2	1	3	2	1	3	2	1
22	3	2	1	3	1	3	2	2	1	3	3	2	1
23	3	2	1	3	2	1	3	3	2	1	1	3	2
24	3	2	1	3	3	2	1	1	3	2	2	1	3
25	3	3	2	1	1	3	2	3	2	1	2	1	3
26	3	3	2	1	2	1	3	1	3	2	3	2	1
27	3	3	2	1	3	2	1	2	1	3	1	3	2

$L_{27}(3^{13})$ 两列间的交互作用列表

列号 (列号)	1	2	3	4	5	6	7	8	9	10	11	12	13
(1)	(1)	3 4	2 4	2 3	6 7	5 7	5 6	9 10	8 10	8 9	12 13	11 13	11 12
(2)		(2)	1 4	1 3	8 11	9 12	10 13	5 11	6 12	7 13	5 8	6 9	7 10
(3)			(3)	1 2	9 13	10 11	8 12	7 12	5 13	6 11	6 10	7 8	5 9
(4)				(4)	10 12	8 13	9 11	6 13	7 11	5 12	7 9	5 10	6 8
(5)					(5)	1 7	1 6	2 11	3 13	4 12	2 8	4 10	3 9
(6)						(6)	1 5	4 13	2 12	3 11	3 10	2 9	4 8
(7)							(7)	3 12	4 11	2 13	4 9	3 8	2 10
(8)								(8)	1 10	1 9	2 5	2 7	4 6
(9)									(9)	1 8	4 7	2 6	3 5
(10)										(10)	3 6	4 5	2 7
(11)											(11)	1 13	1 12
(12)												(12)	1 11
(13)													(13)

3. 四水平表

(7)　　$L_{16}(4^5)$

实验号	列　　号				
	1	2	3	4	5
1	1	1	1	1	1
2	1	2	2	2	2
3	1	3	3	3	3
4	1	4	4	4	4
5	2	1	2	3	4
6	2	2	1	4	3
7	2	3	4	1	2
8	2	4	3	2	1
9	3	1	3	4	2
10	3	2	4	3	1
11	3	3	1	2	4
12	3	4	2	1	3
13	4	1	4	2	3
14	4	2	3	1	4
15	4	3	2	4	1
16	4	4	1	3	2

注：任意两列间的交互作用列是另外三列。

4. 五水平表

（8） $L_{25}(5^6)$

实验号	列　号					
	1	2	3	4	5	6
1	1	1	1	1	1	1
2	1	2	2	2	2	2
3	1	3	3	3	3	3
4	1	4	4	4	4	4
5	1	5	5	5	5	5
6	2	1	2	3	4	5
7	2	2	3	4	5	1
8	2	3	4	5	1	2
9	2	4	5	1	2	3
10	2	5	1	2	3	4
11	3	1	3	5	2	4
12	3	2	4	1	3	5
13	3	3	5	2	4	1
14	3	4	1	3	5	2
15	3	5	2	4	1	3
16	4	1	4	2	5	3
17	4	2	5	3	1	4
18	4	3	1	4	2	5
19	4	4	2	5	3	1
20	4	5	3	1	4	2
21	5	1	5	4	3	2
22	5	2	1	5	4	3
23	5	3	2	1	5	4
24	5	4	3	2	1	5
25	5	5	4	3	2	1

注：任意两列间的交互作用列是另外四列。

5. 混合水平表

（9） $L_8(4 \times 2^4)$

实验号	列　号				
	1	2	3	4	5
1	1	1	1	1	1
2	1	2	2	2	2
3	2	1	1	2	2
4	2	2	2	1	1
5	3	1	2	1	2
6	3	2	1	2	1
7	4	1	2	2	1
8	4	2	1	1	2

(10)　L$_{12}$(3×2^4)

实验号	列　号				
	1	2	3	4	5
1	1	1	1	1	1
2	1	1	1	2	2
3	1	2	2	1	2
4	1	2	2	2	1
5	2	1	2	1	1
6	2	1	2	2	2
7	2	2	1	1	1
8	2	2	1	2	2
9	3	1	2	1	2
10	3	1	1	2	1
11	3	2	2	1	2
12	3	2	2	2	1

(11)　L$_{12}$(6×2^2)

实验号	列　号		
	1	2	3
1	1	1	1
2	2	1	2
3	1	2	2
4	2	2	1
5	3	1	2
6	4	1	1
7	3	2	1
8	4	2	2
9	5	1	1
10	6	1	2
11	5	2	2
12	6	2	1

(12)　L$_{16}$(4^3×2^6)

实验号	列　号								
	1	2	3	4	5	6	7	8	9
1	1	1	1	1	1	1	1	1	1
2	1	2	2	1	1	2	2	2	2
3	1	3	3	2	2	1	1	2	2
4	1	4	4	2	2	2	2	1	1
5	2	1	2	2	2	1	2	1	2
6	2	2	1	2	2	2	1	2	1
7	2	3	4	1	1	1	2	2	1
8	2	4	3	1	1	2	1	1	2
9	3	1	3	1	2	2	2	2	1
10	3	2	4	1	2	1	1	1	2
11	3	3	1	2	1	2	2	1	2
12	3	4	2	2	1	1	1	2	1
13	4	1	4	2	1	2	1	2	2
14	4	2	3	2	1	1	2	1	1
15	4	3	2	1	2	2	1	1	1
16	4	4	1	1	2	1	2	2	2

（13）　$L_{16}(4^4 \times 2^3)$

实验号	列　号						
	1	2	3	4	5	6	7
1	1	1	1	1	1	1	1
2	1	2	2	2	1	2	2
3	1	3	3	3	2	1	2
4	1	4	4	4	2	2	1
5	2	1	2	3	2	2	1
6	2	2	1	4	2	1	2
7	2	3	4	1	1	2	2
8	2	4	3	2	1	1	1
9	3	1	3	4	1	2	2
10	3	2	4	3	1	1	1
11	3	3	1	2	2	2	1
12	3	4	2	1	2	1	2
13	4	1	4	2	2	2	2
14	4	2	3	1	2	2	1
15	4	3	2	4	1	1	1
16	4	4	1	3	1	2	2

（14）　$L_{16}(4^2 \times 2^9)$

实验号	列　号										
	1	2	3	4	5	6	7	8	9	10	11
1	1	1	1	1	1	1	1	1	1	1	1
2	1	2	1	1	1	2	2	2	2	2	2
3	1	3	2	2	2	1	1	1	2	2	2
4	1	4	2	2	2	2	2	2	1	1	1
5	2	1	1	2	2	1	2	2	1	2	2
6	2	2	1	2	2	2	1	1	2	1	1
7	2	3	2	1	1	1	2	2	2	1	1
8	2	4	2	1	1	2	1	1	1	2	2
9	3	1	2	1	2	2	1	2	2	1	2
10	3	2	2	1	2	1	2	1	1	2	1
11	3	3	1	2	1	2	1	2	1	2	2
12	3	4	1	2	1	1	2	1	2	1	2
13	4	1	2	2	1	2	2	2	2	2	1
14	4	2	2	2	1	1	1	·2	1	1	2
15	4	3	1	1	2	2	2	1	1	1	2
16	4	4	1	1	2	1	1	2	2	2	1

（15）　$L_{16}(4 \times 2^{12})$

实验号	列　号												
	1	2	3	4	5	6	7	8	9	10	11	12	13
1	1	1	1	1	1	1	1	1	1	1	1	1	1
2	1	1	1	1	1	2	2	2	2	2	2	2	2
3	1	2	2	2	2	1	1	1	1	2	2	2	2
4	1	2	2	2	2	2	2	2	2	1	1	1	1
5	2	1	1	2	2	1	1	2	2	1	1	2	2
6	2	1	1	2	2	2	2	1	1	2	2	1	1

实验号	列 号												
	1	2	3	4	5	6	7	8	9	10	11	12	13
7	2	2	2	1	1	1	1	2	2	2	2	1	1
8	2	2	2	1	1	2	2	1	1	1	1	2	2
9	3	1	2	1	2	1	2	1	2	1	2	1	2
10	3	1	2	1	2	2	1	2	1	2	1	2	1
11	3	2	1	2	1	1	2	1	2	2	1	2	1
12	3	2	1	2	1	2	1	2	1	1	2	1	2
13	4	1	2	2	1	1	2	2	1	1	2	2	1
14	4	1	2	2	1	2	1	1	2	2	1	1	2
15	4	2	1	1	2	1	2	2	1	2	1	1	2
16	4	2	1	1	2	2	1	1	2	1	2	2	1

(16)　$L_{18}(6\times3^6)$

实验号	列　号						
	1	2	3	4	5	6	7
1	1	1	1	1	1	1	1
2	1	2	2	2	2	2	2
3	1	3	3	3	3	3	3
4	2	1	1	2	2	3	3
5	2	2	2	3	3	1	1
6	2	3	3	1	1	2	2
7	3	1	2	1	3	2	3
8	3	2	3	2	1	3	1
9	3	3	1	3	2	1	2
10	4	1	3	3	2	2	1
11	4	2	1	1	3	3	2
12	4	3	2	2	1	1	3
13	5	1	2	3	1	3	2
14	5	2	3	1	2	1	3
15	5	3	1	2	3	2	1
16	6	1	3	2	3	1	2
17	6	2	1	3	1	2	3
18	6	3	2	1	2	3	1

(17)　$L_{18}(2\times3^7)$

实验号	列　号							
	1	2	3	4	5	6	7	8
1	1	1	1	1	1	1	1	1
2	1	1	2	2	2	2	2	2
3	1	1	3	3	3	3	3	3
4	1	2	1	1	2	2	3	3
5	1	2	2	2	3	3	1	1
6	1	2	3	3	1	1	2	2
7	1	3	1	2	1	3	2	3

实验号	列 号							
	1	2	3	4	5	6	7	8
8	1	3	2	3	2	1	3	1
9	1	3	3	1	3	2	1	2
10	2	1	1	3	3	2	2	1
11	2	1	2	1	1	3	3	2
12	2	1	3	2	2	1	1	3
13	2	2	1	2	3	1	3	2
14	2	2	2	3	1	2	1	3
15	2	2	3	1	2	3	2	1
16	2	3	1	3	2	3	1	3
17	2	3	2	1	3	1	2	3
18	2	3	3	2	1	2	3	1

附表 2　均匀设计表

(1)　$U_5(5^4)$

列号 / 实验号	1	2	3	4
1	1	2	3	4
2	2	4	1	3
3	3	1	4	2
4	4	3	2	1
5	5	5	5	5

$U_5(5^4)$的使用表

因素数	列 号			
2	1	2		
3	1	2	4	
4	1	2	3	4

(2)　$U_7(7^6)$

列号 / 实验号	1	2	3	4	5	6
1	1	2	3	4	5	6
2	2	4	6	1	3	5
3	3	6	2	5	1	4
4	4	1	5	2	6	3
5	5	3	1	6	4	2
6	6	5	4	3	2	1
7	7	7	7	7	7	7

$U_7(7^6)$的使用表

因素数	列 号					
2	1	3				
3	1	2	3			
4	1	2	3	6		
5	1	2	3	4	6	
6	1	2	3	4	5	6

(3)　$U_9(9^6)$

列号 / 实验号	1	2	3	4	5	6
1	1	2	4	5	7	8
2	2	4	8	1	5	7
3	3	6	3	6	3	6
4	4	8	7	2	1	5
5	5	1	2	7	8	4
6	6	3	6	3	6	3
7	7	5	1	8	4	2
8	8	7	5	4	2	1
9	9	9	9	9	9	9

$U_9(9^6)$的使用表

因素数	列 号					
2	1	3				
3	1	3	5			
4	1	2	3	5		
5	1	2	3	4	5	
6	1	2	3	4	5	6

(4)　$U_{11}(11^{10})$

实验号＼列号	1	2	3	4	5	6	7	8	9	10
1	1	2	3	4	5	6	7	8	9	10
2	2	4	6	8	10	1	3	5	7	9
3	3	6	9	1	4	7	10	2	5	8
4	4	8	1	5	9	2	6	10	3	7
5	5	10	4	9	3	8	2	7	1	6
6	6	1	7	2	8	3	9	4	10	5
7	7	3	10	6	2	9	5	1	8	4
8	8	5	2	10	7	4	1	9	6	3
9	9	7	5	3	1	10	8	6	4	2
10	10	9	8	7	6	5	4	3	2	1
11	11	11	11	11	11	11	11	11	11	11

$U_{11}(11^{10})$ 的使用表

因素数	列　号									
2	1	7								
3	1	5	7							
4	1	2	5	7						
5	1	2	3	5	7					
6	1	2	3	5	7	10				
7	1	2	3	4	5	7	10			
8	1	2	3	4	5	6	7	10		
9	1	2	3	4	5	6	7	9	10	
10	1	2	3	4	5	6	7	8	9	10

(5)　$U_{13}(13^{12})$

实验号＼列号	1	2	3	4	5	6	7	8	9	10	11	12
1	1	2	3	4	5	6	7	8	9	10	11	12
2	2	4	6	8	10	12	1	3	5	7	9	11
3	3	6	9	12	2	5	8	11	1	4	7	10
4	4	8	12	3	7	11	2	6	10	1	5	9
5	5	10	2	7	12	4	9	1	6	11	3	8
6	6	12	5	11	4	10	3	9	2	8	1	7
7	7	1	8	2	9	3	10	4	11	5	12	6
8	8	3	11	6	1	9	4	12	7	2	10	5
9	9	5	1	10	6	2	11	7	3	12	8	4
10	10	7	4	1	11	8	5	2	12	9	6	3
11	11	9	7	5	3	1	12	10	8	6	4	2
12	12	11	10	9	8	7	6	5	4	3	2	1
13	13	13	13	13	13	13	13	13	13	13	13	13

U$_{13}$（13^{12}）的使用表

因素数	列　　　号										
2	1	5									
3	1	3	4								
4	1	6	8	10							
5	1	6	8	9	10						
6	1	2	6	8	9	10					
7	1	2	6	8	9	10	12				
8	1	2	6	7	8	9	10	12			
9	1	2	3	6	7	8	9	10	12		
10	1	2	3	5	6	7	8	9	10	12	
11	1	2	3	4	5	6	7	8	9	10	12
12	1	2	3	4	5	6	7	8	9	10	11	12

（6）　U$_{15}$（15^8）

实验号＼列号	1	2	3	4	5	6	7	8
1	1	2	4	7	8	11	13	14
2	2	4	8	14	1	7	11	13
3	3	6	12	6	9	3	9	12
4	4	8	1	13	2	14	7	11
5	5	10	5	5	10	10	5	10
6	6	12	9	12	3	6	3	9
7	7	14	13	4	11	2	1	8
8	8	1	2	11	4	13	14	7
9	9	3	6	3	12	9	12	6
10	10	5	10	10	5	5	10	5
11	11	7	14	2	13	1	8	4
12	12	9	3	9	6	12	6	3
13	13	11	7	1	14	8	4	2
14	14	13	11	8	7	4	2	1
15	15	15	15	15	15	15	15	15

U$_{15}$（15^8）的使用表

因素数	列　　　号							
2	1	6						
3	1	3	4					
4	1	3	4	7				
5	1	2	3	4	7			
6	1	2	3	4	6	8		
7	1	2	3	4	6	7	8	
8	1	2	3	4	5	6	7	8

附表3 检验可疑数据临界值表

(1) 格拉布斯（Grubbs）检验临界值 $G_{(\alpha, n)}$ 表

n	显著性水平 α				n	显著性水平 α			
	0.05	0.025	0.01	0.005		0.05	0.025	0.01	0.005
3	1.153	1.155	1.155	1.155	30	2.745	2.908	3.103	3.236
4	1.463	1.481	1.492	1.496	31	2.759	2.024	3.119	3.253
5	1.672	1.715	1.749	1.764	32	2.773	2.938	3.135	3.270
6	1.822	1.887	1.944	1.973	33	2.786	2.952	3.150	3.286
7	1.938	2.020	2.097	2.139	34	2.799	2.965	3.164	3.301
8	2.032	2.126	2.221	2.274	35	2.811	2.979	3.178	3.316
9	2.110	2.215	2.323	2.387	36	2.823	2.991	3.191	3.330
10	2.176	2.290	2.410	2.482	37	2.835	3.003	3.204	3.343
11	2.234	2.355	2.485	2.564	38	2.846	3.014	3.216	3.356
12	2.285	2.412	2.550	2.636	39	2.857	3.025	3.288	3.369
13	2.331	2.462	2.607	2.699	40	2.866	3.036	3.240	3.381
14	2.371	2.507	2.659	2.755	41	2.877	3.046	3.251	3.393
15	2.409	2.549	2.705	2.806	42	2.887	3.057	3.261	3.404
16	2.443	2.585	2.747	2.852	43	2.896	3.067	3.271	3.415
17	2.475	2.620	2.785	2.894	44	2.905	3.075	3.282	3.425
18	2.504	2.651	2.821	2.932	45	2.914	3.085	3.295	3.435
19	2.532	2.681	2.854	2.968	46	2.923	3.094	3.302	3.445
20	2.557	2.709	2.884	3.001	47	2.931	3.103	3.310	3.455
21	2.580	2.733	2.912	3.031	48	2.940	3.111	3.319	3.464
22	2.603	2.758	2.939	3.060	49	2.948	3.120	3.329	3.474
23	2.624	2.781	2.963	3.087	50	2.956	3.128	3.336	3.483
24	2.644	2.802	2.987	3.112	60	3.025	3.199	3.411	3.560
25	2.663	2.822	3.009	3.135	70	3.082	3.257	3.471	3.622
26	2.681	2.841	3.029	3.157	80	3.130	3.305	3.521	3.673
27	2.698	2.859	3.049	3.178	90	3.171	3.347	3.563	3.716
28	2.714	2.876	3.068	3.199	100	3.207	3.383	3.600	3.754
29	2.730	2.893	3.085	3.218					

(2) 狄克逊（Dixon）检验临界值 $D_{(\alpha, n)}$ 表

n	显著性水平 α		n	显著性水平 α		n	显著性水平 α	
	0.05	0.01		0.05	0.01		0.05	0.01
3	0.941	0.988	13	0.521	0.615	23	0.421	0.505
4	0.765	0.889	14	0.546	0.641	24	0.413	0.497
5	0.642	0.780	15	0.525	0.616	25	0.406	0.489
6	0.560	0.698	16	0.507	0.595	26	0.399	0.486
7	0.507	0.637	17	0.490	0.577	27	0.393	0.475
8	0.554	0.683	18	0.475	0.561	28	0.387	0.469
9	0.512	0.635	19	0.462	0.547	29	0.381	0.463
10	0.477	0.597	20	0.450	0.535	30	0.376	0.457
11	0.576	0.679	21	0.440	0.524			
12	0.546	0.642	22	0.430	0.514			

(3)　柯克兰（Cochran）最大方差检验临界值 $C_{(\alpha,m,n)}$ 表（每组数据 n 个）

实验组数	$n=2$		$n=3$		$n=4$		$n=5$		$n=6$	
m	$\alpha=0.01$	0.05	0.01	0.05	0.01	0.05	0.01	0.05	0.01	0.05
2	—	—	0.995	0.975	0.979	0.939	0.959	0.906	0.937	0.877
3	0.993	0.967	0.942	0.871	0.883	0.798	0.834	0.745	0.793	0.707
4	0.968	0.906	0.864	0.768	0.781	0.684	0.721	0.629	0.676	0.590
5	0.928	0.841	0.788	0.684	0.696	0.598	0.633	0.544	0.588	0.506
6	0.883	0.781	0.722	0.616	0.626	0.532	0.564	0.480	0.520	0.445
7	0.838	0.727	0.664	0.561	0.568	0.480	0.508	0.431	0.466	0.397
8	0.794	0.680	0.615	0.516	0.521	0.438	0.463	0.391	0.423	0.360
9	0.754	0.638	0.573	0.478	0.481	0.403	0.425	0.358	0.387	0.329
10	0.718	0.602	0.536	0.445	0.447	0.373	0.393	0.331	0.357	0.303
11	0.684	0.570	0.504	0.417	0.418	0.348	0.366	0.308	0.332	0.281
12	0.653	0.541	0.475	0.392	0.392	0.326	0.343	0.288	0.310	0.262
13	0.624	0.515	0.450	0.371	0.369	0.307	0.322	0.271	0.291	0.246
14	0.599	0.492	0.427	0.352	0.349	0.291	0.304	0.255	0.274	0.232
15	0.575	0.471	0.407	0.335	0.332	0.276	0.288	0.242	0.259	0.220
16	0.553	0.452	0.388	0.319	0.316	0.262	0.274	0.230	0.246	0.208
17	0.532	0.434	0.372	0.305	0.301	0.250	0.261	0.219	0.234	0.198
18	0.514	0.418	0.356	0.293	0.288	0.240	0.249	0.209	0.223	0.189
19	0.496	0.403	0.343	0.281	0.276	0.230	0.238	0.200	0.214	0.181
20	0.480	0.389	0.330	0.270	0.265	0.220	0.229	0.192	0.205	0.174
21	0.465	0.377	0.318	0.261	0.255	0.212	0.220	0.185	0.197	0.167
22	0.450	0.365	0.307	0.252	0.246	0.204	0.212	0.178	0.189	0.160
23	0.437	0.354	0.297	0.243	0.238	2.197	0.204	0.172	0.182	0.155
24	0.425	0.343	0.287	0.235	0.230	0.190	0.197	0.166	0.176	0.149
25	0.413	0.334	0.278	0.228	0.222	0.185	0.190	0.160	0.170	0.144
26	0.402	0.325	0.270	0.221	0.215	0.179	0.184	0.155	0.164	0.140
27	0.391	0.316	0.262	0.215	0.209	0.173	0.179	0.150	0.159	0.135
28	0.382	0.308	0.255	0.209	0.202	0.168	0.173	0.146	0.154	0.131
29	0.372	0.300	0.248	0.203	0.196	0.164	0.168	0.142	0.150	0.127
30	0.363	0.293	0.241	0.198	0.191	0.159	0.164	0.138	0.145	0.124
31	0.355	0.286	0.235	0.193	0.186	0.155	0.159	0.134	0.141	0.120
32	0.347	0.280	0.229	0.188	0.181	0.151	0.155	0.131	9.138	0.117
33	0.339	0.273	0.224	0.184	0.177	0.147	0.151	0.127	0.134	0.114
34	0.332	0.267	0.218	0.179	0.172	0.144	0.147	0.124	0.131	0.111
35	0.325	0.262	0.213	0.175	0.168	0.140	0.144	0.121	0.127	0.108
36	0.318	0.256	0.208	0.172	0.165	0.137	0.140	0.118	0.124	0.106
37	0.312	0.251	2.204	0.168	0.161	0.134	0.137	0.116	0.121	0.103
38	0.306	0.246	0.200	0.164	0.157	0.131	0.134	0.113	0.119	0.101
39	0.300	0.242	0.196	0.161	0.154	0.129	0.131	0.111	0.116	0.099
40	0.294	0.237	0.192	0.158	0.151	0.126	0.128	0.108	0.114	0.097

（1）　　（$\alpha=0.05$）　　　　　　　　　　　　　　（n_1 和 n_2 表示自由度）

n_2	n_1														
	1	2	3	4	5	6	7	8	9	10	12	15	20	60	∞
1	161.4	199.5	215.7	224.6	230.2	234.0	236.8	238.9	240.5	241.9	243.9	245.9	248.0	252.2	254.3
2	18.51	19.00	19.16	19.25	19.3	19.33	19.35	19.37	19.38	19.40	19.41	19.43	19.45	19.48	19.50
3	10.13	9.55	9.28	9.12	9.01	8.94	8.89	8.85	8.81	8.79	8.74	8.70	8.66	8.57	8.53
4	7.71	6.94	6.59	6.39	6.26	6.16	6.09	6.04	6.00	5.96	5.91	5.86	5.80	5.69	5.63
5	6.61	5.79	5.41	5.19	5.05	4.95	4.88	4.82	4.77	4.74	4.68	4.62	4.56	4.43	4.36
6	5.99	5.14	4.76	4.53	4.39	4.28	4.21	4.15	4.10	4.06	4.00	3.94	3.87	3.74	3.67
7	5.59	4.74	4.35	4.12	3.97	3.87	3.79	3.37	3.68	3.64	3.57	3.51	3.44	3.30	3.23
8	5.32	4.46	4.07	3.84	3.69	3.58	3.50	3.44	3.39	3.35	3.28	3.22	3.15	3.01	2.93
9	5.12	4.26	3.86	3.63	3.48	3.37	3.29	3.23	3.18	3.14	3.07	3.01	2.94	2.79	2.71
10	4.96	4.10	3.71	3.48	3.33	3.22	3.14	3.07	3.02	2.98	2.91	2.85	2.77	2.62	2.54
11	4.84	3.98	3.59	3.36	3.20	3.09	3.01	2.95	2.90	2.85	2.79	2.72	2.65	2.49	2.40
12	4.75	3.89	3.49	3.26	3.11	3.00	2.91	2.85	2.80	2.75	2.69	2.62	2.54	2.38	2.30
13	4.67	3.81	3.41	3.18	3.03	2.92	2.83	2.77	2.71	2.67	2.60	2.53	2.46	2.30	2.21
14	4.60	3.74	3.34	3.11	2.96	2.85	2.76	2.70	2.65	2.60	2.53	2.46	2.39	2.22	2.13
15	4.54	3.68	3.29	3.06	2.90	2.79	2.71	2.64	2.59	2.54	2.48	2.40	2.33	2.16	2.07
16	4.49	3.63	3.24	3.01	2.85	2.74	2.66	2.59	2.54	2.49	2.42	2.35	2.28	2.11	2.01
17	4.45	3.59	3.20	2.96	2.81	2.70	2.61	2.55	2.49	2.45	2.38	2.31	2.23	2.06	1.96
18	4.41	3.55	3.16	2.93	2.77	2.66	2.58	2.51	2.46	2.41	2.34	2.27	2.19	2.02	1.92
19	4.38	3.52	3.13	2.90	2.74	2.63	2.54	2.48	2.42	2.38	2.31	2.23	2.16	1.98	1.88
20	4.35	3.49	3.10	2.87	2.71	2.60	2.51	2.45	2.39	2.35	2.28	2.20	2.12	1.95	1.84
21	4.32	3.47	3.07	2.84	2.68	2.57	2.49	2.42	2.37	2.32	2.25	2.18	2.10	1.92	1.81
22	4.30	3.44	3.05	2.82	2.66	2.55	2.46	2.40	2.34	2.30	2.23	2.15	2.07	1.89	1.78
23	4.28	3.42	3.03	2.80	2.64	2.53	2.44	2.37	2.32	2.27	2.20	2.13	2.05	1.86	1.76
24	4.26	3.40	3.01	2.78	2.62	2.51	2.42	2.36	2.30	2.25	2.18	2.11	2.03	1.84	1.73
25	4.24	3.39	2.99	2.76	2.60	2.49	2.40	2.34	2.28	2.24	2.16	2.09	2.01	1.82	1.71
30	4.17	3.32	2.92	2.69	2.53	2.42	2.33	2.27	2.21	2.16	2.09	2.01	1.93	1.74	1.62
40	4.08	3.23	2.84	2.61	2.45	2.34	2.25	2.18	2.12	2.08	2.00	1.92	1.84	1.64	1.51
60	4.00	3.15	2.76	2.53	2.37	2.25	2.17	2.10	2.04	1.99	1.92	1.84	1.75	1.53	1.39
120	3.92	3.07	2.68	2.45	2.29	2.17	2.09	2.02	1.96	1.91	1.83	1.75	1.66	1.43	1.25
∞	3.84	3.00	2.60	2.37	2.21	2.10	2.01	1.94	1.88	1.83	1.75	1.67	1.57	1.32	1.00

n_2	n_1														
	1	2	3	4	5	6	7	8	9	10	12	15	20	60	∞
1	4052	4999.5	5403	5625	5764	5859	5928	5982	6022	6056	6106	6157	6209	6313	6366
2	98.50	99.00	99.17	99.25	99.30	99.33	99.36	99.37	99.39	99.40	99.42	99.43	99.45	99.48	99.50
3	34.12	30.82	29.46	28.71	28.24	27.91	27.67	27.49	27.35	27.23	27.05	26.37	26.69	26.32	26.13
4	21.20	18.00	16.69	15.98	15.52	15.21	14.98	14.80	14.66	14.55	14.37	14.20	14.02	13.65	13.46
5	16.26	13.27	12.06	11.39	10.97	10.67	10.46	10.29	10.16	10.05	9.89	9.72	9.55	9.20	9.02
6	13.75	10.92	9.78	9.15	8.75	8.47	8.26	8.10	7.98	7.87	7.72	7.56	7.40	7.06	6.88
7	12.25	9.55	8.45	7.85	7.46	7.19	6.99	6.84	6.72	6.62	6.47	6.31	6.16	5.82	5.65
8	11.26	8.65	7.59	7.01	6.63	6.37	6.18	6.03	5.91	5.81	5.67	5.52	5.36	5.03	4.86
9	10.56	8.02	6.99	6.42	6.06	5.80	5.61	5.47	5.35	5.26	5.11	4.96	4.81	4.48	4.31
10	10.04	7.56	6.55	5.99	5.64	5.39	5.20	5.06	4.94	4.85	4.71	4.56	4.41	4.08	3.91
11	9.65	7.21	6.22	5.67	5.32	5.07	4.89	4.74	4.63	4.54	4.40	4.25	4.10	3.78	3.60
12	9.33	6.93	5.95	5.41	5.06	4.82	4.64	4.50	4.39	4.30	4.16	4.01	3.86	3.54	3.36
13	9.07	6.70	5.74	5.21	4.86	4.62	4.44	4.30	4.19	4.10	3.96	3.82	3.66	3.34	3.17
14	8.86	6.51	5.56	5.04	4.69	4.46	4.28	4.14	4.03	3.94	3.80	3.66	3.51	3.18	3.00
15	8.68	6.36	5.42	4.89	4.56	4.32	4.14	4.00	3.89	3.80	3.67	3.52	3.37	3.05	2.87
16	8.53	6.23	5.29	4.77	4.44	4.20	4.03	3.89	3.78	3.69	3.55	3.41	3.26	2.93	2.75
17	8.40	6.11	5.18	4.67	4.34	4.10	3.93	3.79	3.68	3.59	3.46	3.31	3.16	2.83	2.65
18	8.29	6.01	5.09	4.58	4.25	4.01	3.84	3.71	3.60	3.51	3.37	3.23	3.08	2.75	2.57
19	8.18	5.93	5.01	4.50	4.17	3.94	3.77	3.63	3.52	3.43	3.30	3.15	3.00	2.67	2.49
20	8.10	5.85	4.94	4.43	4.10	3.87	3.70	3.56	3.46	3.37	3.23	3.09	2.94	2.61	2.45
21	8.02	5.78	4.87	4.37	4.04	3.81	3.64	3.51	3.40	3.31	3.17	3.03	2.88	2.55	2.36
22	7.95	5.72	4.82	4.31	3.99	3.76	3.59	3.45	3.35	3.26	3.12	2.98	2.83	2.50	2.31
23	7.88	5.66	4.76	4.26	3.94	3.71	3.54	3.41	3.30	3.21	3.07	2.93	2.78	2.45	2.26
24	7.82	5.61	4.72	4.22	3.90	3.67	3.50	3.36	3.26	3.17	3.03	2.89	2.74	2.40	2.21
25	7.77	5.57	4.68	4.18	3.85	3.63	3.46	3.32	3.22	3.13	2.99	2.85	2.70	2.36	2.17
30	7.56	5.39	4.51	4.02	3.70	3.47	3.30	3.17	3.07	2.98	2.84	2.70	2.55	2.21	2.01
40	7.31	5.18	4.31	3.83	3.51	3.29	3.12	2.99	2.89	2.80	2.66	2.52	2.37	2.02	1.80
60	7.08	4.98	4.13	3.65	3.34	3.12	2.95	2.82	2.72	2.63	2.50	2.35	2.20	1.84	1.60
120	6.85	4.79	3.95	3.48	3.17	2.96	2.79	2.66	2.56	2.47	2.34	2.19	2.03	1.66	1.38
∞	6.63	4.61	3.78	3.32	3.02	2.80	2.64	2.51	2.41	2.32	2.18	2.04	1.88	1.47	1.00

n	*α*＝0.25	0.10	0.05	0.025	0.01	0.005
1	1.0000	3.0777	6.3138	12.7062	31.8207	63.6574
2	0.8165	1.8856	2.9200	4.3027	6.9646	9.9248
3	0.7649	1.6377	2.3534	3.1824	4.5407	5.8409
4	0.7407	1.5332	2.1318	2.7764	3.7469	4.6041
5	0.7267	1.4759	2.0150	2.5706	3.3649	4.0322
6	0.7176	1.4398	1.9432	2.4469	3.1427	3.7074
7	0.7111	1.4149	1.8946	2.3646	2.9980	3.4995
8	0.7064	1.3968	1.8595	2.3060	2.8965	3.3554
9	0.7027	1.3830	1.8331	2.2622	2.8214	3.2498
10	0.6998	1.3722	1.8125	2.2281	2.7638	3.1693
11	0.6974	1.3634	1.7959	2.2010	2.7181	3.1058
12	0.6955	1.3562	1.7823	2.1788	2.6810	3.0545
13	0.6938	1.3502	1.7709	2.1604	2.6503	3.0123
14	0.6924	1.3450	1.7613	2.1448	2.6245	2.9768
15	0.6912	1.3406	1.7531	2.1315	2.6025	2.9467
16	0.6901	1.3368	1.7459	2.1199	2.5835	2.9208
17	0.6892	1.3334	1.7396	2.1098	2.5669	2.8982
18	0.6884	1.3304	1.7341	2.1009	2.5524	2.8784
19	0.6876	1.3277	1.7291	2.0930	2.5395	2.8609
20	0.6870	1.3253	1.7247	2.0860	2.5280	2.8453
21	0.6864	1.3232	1.7207	2.0796	2.5177	2.8314
22	0.6858	1.3212	1.7171	2.0739	2.5083	2.8188
23	0.6853	1.3195	1.7139	2.0687	2.4999	2.8073
24	0.6848	1.3178	1.7109	2.0639	2.4922	2.7969
25	0.6844	1.3163	1.7081	2.0595	2.4851	2.7874
26	0.6840	1.3150	1.7058	2.0555	2.4786	2.7787
27	0.6837	1.3137	1.7033	2.0518	2.4727	2.7707
28	0.6834	1.3125	1.7011	2.0484	2.4671	2.7633
29	0.6830	1.3114	1.6991	2.0452	2.4620	2.7564
30	0.6828	1.3104	1.6973	2.0423	2.4573	2.7500
31	0.6825	1.3095	1.6955	2.0395	2.4528	2.7440
32	0.6822	1.3086	1.6939	2.0369	2.4487	2.7385
33	0.6820	1.3077	1.6924	2.0345	2.4448	2.7333
34	0.6818	1.3070	1.6909	2.0322	2.4411	2.7284
35	0.6816	1.3062	1.6896	2.0301	2.4377	2.7238
36	0.6814	1.3055	1.6883	2.0281	2.4345	2.7195
37	0.6812	1.3049	1.6871	2.0262	2.4314	2.7154
38	0.6810	1.3042	1.6860	2.0244	2.4286	2.7116
39	0.6808	1.3036	1.6849	2.0227	2.4258	2.7079
40	0.6807	1.3031	1.6839	2.0211	2.4233	2.7045
41	0.6805	1.3025	1.6829	2.0195	2.4208	2.7012
42	0.6804	1.3020	1.6820	2.0181	2.4185	2.6981
43	0.6802	1.3016	1.6811	2.0167	2.4163	2.6951
44	0.6801	1.3011	1.6802	2.0154	2.4141	2.6923
45	0.6800	1.3006	1.6794	2.0141	2.4121	2.6896

$n-m-1$	α	自变量的个数 m				$n-m-1$	α	自变量的个数 m			
		1	2	3	4			1	2	3	4
1	0.05	0.997	0.999	0.999	0.999	24	0.05	0.388	0.470	0.523	0.562
	0.01	1.000	1.000	1.000	1.000		0.01	0.496	0.565	0.609	0.642
2	0.05	0.950	0.975	0.983	0.987	25	0.05	0.381	0.462	0.514	0.553
	0.01	0.990	0.995	0.997	0.998		0.01	0.487	0.555	0.600	0.633
3	0.05	0.878	0.930	0.950	0.961	26	0.05	0.374	0.454	0.506	0.545
	0.01	0.959	0.976	0.983	0.987		0.01	0.478	0.546	0.590	0.624
4	0.05	0.811	0.881	0.912	0.930	27	0.05	0.367	0.446	0.498	0.536
	0.01	0.917	0.949	0.962	0.970		0.01	0.470	0.538	0.582	0.615
5	0.05	0.754	0.836	0.874	0.898	28	0.05	0.361	0.439	0.490	0.529
	0.01	0.874	0.917	0.937	0.949		0.01	0.463	0.530	0.573	0.606
6	0.05	0.707	0.795	0.839	0.867	29	0.05	0.355	0.432	0.482	0.521
	0.01	0.834	0.886	0.911	0.927		0.01	0.456	0.522	0.565	0.598
7	0.05	0.666	0.758	0.807	0.838	30	0.05	0.349	0.426	0.476	0.514
	0.01	0.798	0.855	0.885	0.904		0.01	0.449	0.514	0.558	0.591
8	0.05	0.632	0.726	0.777	0.811	35	0.05	0.325	0.397	0.445	0.482
	0.01	0.765	0.827	0.860	0.882		0.01	0.418	0.481	0.523	0.556
9	0.05	0.602	0.697	0.750	0.786	40	0.05	0.304	0.373	0.419	0.455
	0.01	0.735	0.800	0.836	0.861		0.01	0.393	0.454	0.494	0.526
10	0.05	0.576	0.671	0.726	0.763	45	0.05	0.288	0.353	0.397	0.432
	0.01	0.708	0.776	0.814	0.840		0.01	0.372	0.430	0.470	0.501
11	0.05	0.553	0.648	0.703	0.741	50	0.05	0.273	0.336	0.379	0.412
	0.01	0.684	0.753	0.793	0.821		0.01	0.354	0.410	0.449	0.479
12	0.05	0.532	0.627	0.683	0.722	60	0.05	0.250	0.308	0.348	0.380
	0.01	0.661	0.732	0.773	0.802		0.01	0.325	0.377	0.414	0.442
13	0.05	0.514	0.608	0.664	0.703	70	0.05	0.232	0.286	0.324	0.354
	0.01	0.641	0.712	0.755	0.785		0.01	0.302	0.351	0.386	0.413
14	0.05	0.497	0.590	0.646	0.686	80	0.05	0.217	0.269	0.304	0.332
	0.01	0.623	0.694	0.737	0.768		0.01	0.283	0.330	0.362	0.389
15	0.05	0.482	0.574	0.630	0.670	90	0.05	0.205	0.254	0.288	0.315
	0.01	0.606	0.677	0.721	0.752		0.01	0.267	0.312	0.343	0.368
16	0.05	0.468	0.559	0.615	0.655	100	0.05	0.195	0.241	0.274	0.300
	0.01	0.590	0.662	0.706	0.738		0.01	0.254	0.297	0.327	0.351
17	0.05	0.456	0.545	0.601	0.641	125	0.05	0.174	0.216	0.246	0.269
	0.01	0.575	0.647	0.691	0.724		0.01	0.228	0.266	0.294	0.316
18	0.05	0.444	0.532	0.587	0.628	150	0.05	0.159	0.198	0.225	0.247
	0.01	0.561	0.633	0.678	0.710		0.01	0.208	0.224	0.270	0.290
19	0.05	0.433	0.520	0.575	0.615	200	0.05	0.138	0.172	0.196	0.215
	0.01	0.549	0.620	0.665	0.698		0.01	0.181	0.212	0.234	0.253
20	0.05	0.423	0.509	0.563	0.604	300	0.05	0.113	0.141	0.160	0.176
	0.01	0.537	0.608	0.652	0.685		0.01	0.148	0.174	0.192	0.208
21	0.05	0.413	0.498	0.552	0.592	400	0.05	0.098	0.122	0.139	0.153
	0.01	0.526	0.596	0.641	0.674		0.01	0.128	0.151	0.167	0.180
22	0.05	0.404	0.488	0.542	0.582	500	0.05	0.088	0.109	0.124	0.137
	0.01	0.515	0.585	0.630	0.663		0.01	0.115	0.135	0.150	0.162
23	0.05	0.396	0.479	0.532	0.572	1000	0.05	0.062	0.077	0.088	0.097
	0.01	0.505	0.574	0.619	0.652		0.01	0.081	0.096	0.106	0.115

附录2 习题参考答案与提示

第1章 习题参考答案与提示

1. 用单因素的中点法，安排每次实验的实验点。

先在 0 到 16% 的中点 8% 处做一次实验，看看水样是否合格。如 8% 合格，则丢掉右边一半；如 8% 不合格，则去掉左边一半。现在是 8% 合格，不再考虑 8% 以上的加入量，然后再在 0 到 8% 的中点 4% 处做第二次实验。第二次实验结果不合格，就丢掉 4% 以下的加入量，即左边的一段，再在 4% 到 8% 的中点 6% 处做第三次实验。第三次实验结果合格，再在 4% 到 6% 的中点 5% 处做第四次实验。第四次实验结果合格，则最后取 5%，或留有余地用 6%，作为贵重药剂的加入量。这样就把此贵重药剂的加入量由 16% 减少到 5% 或 6%，节约了贵重药剂，也保证了水样合格。

2. 用黄金分割法，安排第 1，2 次实验点所处位置，如答案图 1-1 所示。

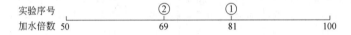

答案图 1-1　用黄金分割法安排第 1，2 次实验所处位置图

第一次实验的加水倍数为：
$$x_1 = 50 + 0.618(100 - 50) \approx 81 倍$$

第二次实验的加水倍数为：
$$x_2 = 50 + 0.382(100 - 50) \approx 69 倍$$

3. 用黄金分割法安排实验点，实验过程如答案图 1-2 所示。

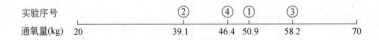

答案图 1-2　优选通氧量安排各次实验所处位置图

各次实验氧气通入量、优选结果，见答案表 1-1，合适通氧量为：50.9kg。

氧气通入量优选实验记录表		答案表 1-1
实验序号	通氧量(kg)	比较
①	50.9	
②	39.1	①比②好
③	58.2	①比③好
④	46.4	①比④好

4.（1）用菲波那契数列法安排实验，如果允许做四次实验，将实验范围分成 $F_5＝8$ 份，使中间有 $F_5－1＝7$ 个实验点。第一次实验安排在 $F_4＝5$ 点处；第二次实验安排在对称点 $F_3＝3$ 点处。

（2）用菲波那契数列法安排实验，如果允许做五次实验，将实验范围分成 $F_6＝13$ 份，使中间有 $F_6－1＝12$ 个实验点。第一次实验安排在 $F_5＝8$ 点处；第二次实验安排在对称点 $F_4＝5$ 点处。

（3）用菲波那契数列法安排实验，如果允许做六次实验，将实验范围分成 $F_7＝21$ 份，使中间有 $F_7－1＝20$ 个实验点。第一次实验安排在 $F_6＝13$ 点处；第二次实验安排在对称点 $F_5＝8$ 点处。

5. 用菲波那契数列法安排实验点，实验过程如答案图 1-3 所示。

答案图 1-3　优选投药量安排各次实验所处位置图

此题属于菲波那契数列法的第一种类型。选取菲波那契数列中 $F_5＝8$。在已给实验点的两端各增加一个端点，使中间实验点有 7 个。端点处投药量为 0；中间实验点 1～7，投药量（mg/L）分别为：0.30，0.33，…，0.50；各实验点的投药量如答案图 1-3 所示。第一次实验①安排在 $F_4＝5$ 点处，投药量为 0.45mg/L，第二次实验②安排对称位置，在 $F_3＝3$ 点处，投药量为 0.35mg/L。①比②好，根据"留好去坏"原则，去掉第 3 实验点以下部分，在留下的实验点范围 3～8 内，继续做下去。

各次实验投药量、优选结果，见答案表 1-2。

投药量优选实验记录表		答案表 1-2
实验序号	投药量(mg/L)	比较
①	0.45	
②	0.35	①比②好
③	0.48	③比①好
④	0.50	③比④好

经过 4 次实验，在第 6 实验点，投药量为 0.48mg/L 的第 6 水平最好。

6. 用菲波那契数列法安排实验点，实验过程如答案图 1-4 所示。

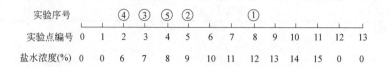

实验序号	④ ③ ⑤ ②	①		
实验点编号	0 1 2 3 4 5 6 7	8 9 10 11 12 13		
盐水浓度(%)	0 0 6 7 8 9 10 11	12 13 14 15 0 0		

答案图 1-4　优选盐水浓度安排各次实验所处位置图

此题属于菲波那契数列法的第二种类型。选取菲波那契数列中 $F_6=13$。在已给实验点的两端各增加两个虚设点，使中间实验点变为 12 个。虚设点处的盐水浓度设为 0，实验点 2～11 处的盐水浓度依次为：6％，7％，…，15％。；各实验点的盐水浓度如答案图 1-4 所示。

各次实验盐水浓度、优选结果，见答案表 1-3。

盐水浓度优选实验记录表　　　　　　　　　　　　　　　　　**答案表 1-3**

实验号	盐水浓度(%)	比较
①	12	
②	9	②比①好
③	7	③比②好
④	6	③比④好
⑤	8	⑤比③好

经过 5 次实验，在第 4 实验点，优选出最合适盐水浓度为 8％。

7. 中点法适用于每做一次实验，根据已知评定标准，可直接分析出该因素下一次实验的取值是取大还是取小。如果没有这一条，就不能确定保留中点两侧的哪一侧，也就无从下手做下一次实验。

黄金分割法适用于实验范围为连续区间情况，但要求目标函数为单峰函数。每次实验后，利用单峰函数性质推导出的"留好去坏"原则，就可以不断缩小搜索最优点的实验范围。

若实验受到某种限制，或实验费用较高不允许做很多次实验，需要通过有限次实验就能找出理想的结果，这时，我们可以采用菲波那契数列法。另外，遇到实验点为离散情况（如只能取整数的情况），采用菲波那契数列法也特别适用。

8. 采用均分分批实验法。如果每批做 $2n$ 个实验（n 为任意正整数），则将实验范围均分为 $2n+1$ 等份，在 $2n$ 个分点 x_1，x_2，…，x_i，…，x_{2n} 上做第一批实验，比较实验结果，找出好点。如果 x_i 点好，则保留（x_{i-1}，x_{i+1}）部分，丢去其余部分。将留下部分再均分 $2n+2$ 等份，有 $2n$ 个实验点均匀地安排在好点的两旁，在未做过实验的 $2n$ 个分点上做第二批实验，比较实验结果找出好点，留下好点及与好点相邻的左右两部分。以后各批实验都是第二批实验的重复，这样继续做下去，实验范围不断缩小，就能找到更好的实验点。用这个方法，第一批实验后范围缩小为 $\dfrac{2}{2n+1}$，以后每批实验后都缩小为前次留下的 $\dfrac{1}{n+1}$。

9. 使用双因素实验设计的好点推进法，进行优选实验。

实验步骤 1：先固定因素 B 用量近似在它的实验范围的 0.618 处，即 5.708mg/L，对因素 A 用量用黄金分割法进行 4 次优选实验，实验过程如答案图 1-5 所示。

答案图 1-5　优选因素 A 用量安排各次实验所处位置图

各次实验因素 A 用量、优选结果，见答案表 1-4。

因素 A 用量优选实验记录表　　　　　　　　　　　　　　　**答案表 1-4**

实验号	因素 A 用量（mg/L）	比较
①	19.27	
②	15.73	②比①好
③	13.54	③比②好
④	12.19	③比④好

优选出因素 A 最合适的用量为：13.54mg/L。

实验步骤 2：将因素 A 用量固定在③对应的实验点上，对因素 B 用量用黄金分割法进行 4 次优选实验，实验过程如答案图 1-6 所示。

答案图 1-6　优选因素 B 用量安排各次实验所处位置图

各次实验因素 B 用量、优选结果，见答案表 1-5。

因素 B 用量优选实验记录表　　　　　　　　　　　　　　　**答案表 1-5**

实验号	因素 B 用量（mg/L）	比较
①	5.708	
②	4.292	①比②好
③	6.584	①比③好
④	5.168	①比④好

优选出因素 B 最合适的用量为：5.708mg/L。

综合实验步骤 1 和 2 后，确定出因素 A 最合适的用量为 13.54mg/L，因素 B 最合适的用量为 5.708mg/L。

10. 若不考虑因素之间的交互作用，在正交实验设计结果的直观分析计算表中，比较各因素的极差 R 值，根据其大小顺序，即可排出因素的主次关系。极差越大的列，其对应因素的水平改变时，对实验指标的影响越大，这个因素就是主要因素；相反，则是次要因素。

选取优的水平组合，确定出优实验方案，就是选出各因素各取什么水平时，实验指标最好。各因素优的水平的确定与各水平对应的效应均值$\overline{K_i}$有关：若指标值越大越好，则应选取效应均值中最大的对应的那个水平；反之，若指标值越小越好，则应选取效应均值中最小的对应的那个水平。

11.（1）选用正交表$L_9(3^4)$来安排实验方案。

（2）实验设计方案及实验结果计算，见答案表1-6。

实验设计方案及实验结果直观分析计算表　　　　　　　　　　　　**答案表1-6**

实验方案 实验号 \ 因素	A 反应温度(℃)	B 加碱量(kg)	C 加酸量(kg)	空列	实验结果 转化率(%)
1	1(80)	1(35)	1(25)	1	51
2	1	2(48)	2(30)	2	71
3	1	3(55)	3(35)	3	58
4	2(85)	1	2	3	82
5	2	2	3	1	69
6	2	3	1	2	59
7	3(90)	1	3	2	77
8	3	2	1	3	85
9	3	3	2	1	84
K_1	180	210	195	204	转化率(%)
K_2	210	225	237	207	总和＝636
K_3	246	201	204	225	
$\overline{K_1}$	60	70	65	68	
$\overline{K_2}$	70	75	79	69	
$\overline{K_3}$	82	67	68	75	
极差R	22	8	14	7	

（3）分析实验结果，得出结论

排出因素的主次顺序为：

　　A（反应温度）$\rightarrow C$（加酸量）$\rightarrow B$（加碱量）

实验结果转化率越大越好。选取出各因素优的水平组合，确定出优实验方案为：

　　$A_3B_2C_2$　　即：反应温度为90℃，加碱量为48kg，加酸量为30kg。

本例中，通过直观分析得到优实验方案为：$A_3B_2C_2$，并不包含在正交表已做过9个实验中，这正体现了正交实验设计的优越性。需要通过验证实验来确定。

12.（1）本题是一个3个因素3水平的实验，因此应选用正交表$L_9(3^4)$。

（2）实验设计方案及实验结果计算，见答案表1-7。

实验设计方案及实验结果直观分析计算表　　　　　　　　　　　　**答案表1-7**

实验方案 实验号 \ 因素	A 加药体积(mL)	B 加药量(mg/L)	C 反应时间(min)	空列	实验结果 水中杂质量(mg/L)
1	1(1)	1(5)	1(20)	1	1.122
2	1	2(10)	2(40)	2	1.119
3	1	3(15)	3(60)	3	1.154
4	2(5)	1	2	3	1.091

因素　　实验方案　实验号	A	B	C	空列	实验结果
	加药体积(mL)	加药量(mg/L)	反应时间(min)		水中杂质量(mg/L)
5	2	2	3	1	0.979
6	2	3	1	2	1.206
7	3(9)	1	3	2	0.938
8	3	2	1	3	0.990
9	3	3	2	1	0.702
K_1	3.395	3.151	3.318	2.803	
K_2	3.276	3.088	2.912	3.263	总和=9.301
K_3	2.630	3.062	3.071	3.235	
$\overline{K}_1$	1.132	1.050	1.106	0.934	
$\overline{K}_2$	1.092	1.029	0.971	1.088	
$\overline{K}_3$	0.877	1.021	1.024	1.078	
极差 R	0.255	0.029	0.135	0.154	

（3）分析实验结果，得出结论

排出因素的主次顺序为：

$A \rightarrow C \rightarrow B$　　即：加药体积→反应时间→加药量。

实验结果杂质量越小越好。选取出各因素优的水平组合，确定出优实验方案为：

$A_3B_3C_2$　　即：加药体积为 9mL，加药量为 15mg/L，反应时间为 40min。

13. 解答如下：

（1）选用正交表 $L_9(3^4)$ 来安排实验方案。

（2）实验设计方案及实验结果计算，见答案表1-8。

实验设计方案及实验结果直观分析计算表　　　　　答案表 1-8

因素　　实验方案　实验号	A	B	C	D	实验结果
	混合速度梯度(S^{-1})	滤速(m/h)	混合时间(s)	投药量(mg/L)	出水浊度
1	1(400)	1(10)	1(10)	1(9)	0.75
2	1	2(8)	2(20)	2(7)	0.80
3	1	3(6)	3(30)	3(5)	0.85
4	2(500)	1	2	3	0.90
5	2	2	3	1	0.45
6	2	3	1	2	0.65
7	3(600)	1	3	2	0.65
8	3	2	1	3	0.85
9	3	3	2	1	0.35
K_1	2.40	2.30	2.25	1.55	
K_2	2.00	2.10	2.05	2.10	出水浊度 总和=6.25
K_3	1.85	1.85	1.95	2.60	
$\overline{K}_1$	0.80	0.77	0.75	0.52	
$\overline{K}_2$	0.67	0.70	0.68	0.70	
$\overline{K}_3$	0.62	0.62	0.65	0.87	
极差 R	0.18	0.15	0.10	0.35	

（3）分析实验结果，得出结论

排出因素的主次顺序为：

$D \rightarrow A \rightarrow B \rightarrow C$　　　即：投药量→混合速度梯度→滤速→混合时间。

实验结果出水浊度越小越好。选取出各因素优的水平组合，确定出优实验方案为：

$A_3 B_3 C_3 D_1$　　　即：混合速度梯度为 $600\mathrm{s}^{-1}$，滤速为 $6\mathrm{m/h}$，混合时间为 $30\mathrm{s}$，

投药量为 $9\mathrm{mg/L}$。

14.（1）用第二种间接评分方法，先对每号实验的每个单项指标评出一个分数，再表示出每一号实验的总分数。

1）对每一号实验的每个指标评出分数

$$污泥浓缩倍数指标按比例评分公式 = 50 + 50 \times \frac{指标值 - 1.49}{2.20 - 1.49} \tag{1}$$

评价指标污泥浓缩倍数，越大越好。第 2 号实验的指标值 2.20 最大，评为 100 分；第 3 号实验的指标值 1.49 最小，评为 50 分。其他两号实验的指标值，利用公式（1）进行评分。第 1 号实验的指标值 2.06，评为 90 分；第 4 号实验的指标值 2.04，评为 89 分。

$$出水悬浮物浓度指标按比例评分公式 = 50 + 50 \times \frac{77 - 指标值}{77 - 48} \tag{2}$$

评价指标出水悬浮物浓度（mg/L），越小越好。第 2 号实验的指标值 48 最小，评为 100 分；第 3 号实验的指标值 77 最大，评为 50 分。其他两号实验的指标值，利用公式（2）进行评分。第 1 号实验的指标值 60，评为 79 分；第 4 号实验的指标值 63，评为 74 分。

2）表示出每一号实验的总分数

假设两单项评价指标同等重要，按权重 $W_1 = 0.5$，$W_2 = 0.5$，可以将同一号实验中两单项指标评出的分数之和的一半，作为该号实验的总分数。

每一号实验的两单项指标的评分及该号实验的综合评分，见答案表 1-9。

使用第二种间接评分方法（间接评分算术平均）直观分析计算表　　　答案表 1-9

实验方案　实验号	A 进水负荷	B 池形	空列	实验结果 浓缩倍数	实验结果 浓度 (mg/L)	浓缩倍数的评分	浓度的评分	综合评分
1	1(0.45)	1(斜)	1	2.06	60	90	79	84.5
2	1	2(矩)	2	2.20	48	100	100	100
3	2(0.60)	1	2	1.49	77	50	50	50
4	2	2	1	2.04	63	89	74	81.5
K_1	184.5	134.5	166					综合评分
K_2	131.5	181.5	150					总和＝316
$\overline{K}_1$	92.25	67.25	83					
$\overline{K}_2$	65.75	90.75	75					
极差 R	26.50	23.50	8					

转换后的综合评分是越大越好。根据每一号实验的综合评分，计算出答案表 1-9 各列中的各水平效应值 K_i、各水平效应均值 $\overline{K}_i$ 及极差 R。

排出兼顾两项指标的因素主次顺序为：

$$A \rightarrow B，即：进水负荷 \rightarrow 池形$$

确定出兼顾两项指标的综合评分的优实验方案为：

$$A_1 B_2，即：进水负荷为 0.45，池形为矩形沉淀池。$$

（2）使用指标对应比分方法给每一号实验评出一个分数，再进行直观分析。

本题中有两个单项指标，即污泥浓缩倍数，越大越好；出水悬浮物浓度（mg/L），越小越好。将这两个单项指标值转换成它们的对应比分，用指标对应比分表示分数，其换算公式（3）和公式（4）分别为：

$$指标浓缩倍数对应比分 = \frac{指标值 - 1.49}{2.20 - 1.49} \tag{3}$$

$$指标浓度对应比分 = \frac{77 - 指标值}{77 - 48} \tag{4}$$

本题认为两个单项指标同样重要，每一号实验的综合评分为：

$$y = 0.5 \times 浓缩倍数对应比分 + 0.5 \times 浓度对应比分 \tag{5}$$

利用公式（3）、公式（4）和公式（5），可得到，每一号实验的两单项指标的对应比分及该号实验的综合评分，见答案表 1-10。转换后的综合评分是越大越好。

使用第二种间接评分方法（指标对应比分的加权和）直观分析计算表　答案表 1-10

实验方案＼因素 实验号	A 进水负荷	B 池形	空列	实验结果 浓缩倍数	浓度 (mg/L)	浓缩倍数对应比分	浓度对应比分	综合评分
1	1(0.45)	1(斜)	1	2.06	60	0.80	0.59	0.70
2	1	2(矩)	2	2.20	48	1	1	1
3	2(0.60)	1	2	1.49	77	0	0	0
4	2	2	1	2.04	63	0.77	0.48	0.63
K_1	1.70	0.70	1.33					综合评分
K_2	0.63	1.63	1					总和＝2.33
$\overline{K}_1$	0.85	0.35	0.67					
$\overline{K}_2$	0.32	0.82	0.50					
极差 R	0.53	0.47	0.17					

根据每一号实验的综合评分，计算出答案表 1-10 各列中的各水平效应值 K_i、各水平效应均值 $\overline{K}_i$ 及极差 R。排出兼顾两项指标的因素主次顺序为：

$$A \rightarrow B，即：进水负荷 \rightarrow 池形$$

确定出兼顾两项指标的综合评分的优实验方案为：

$$A_1 B_2，即：进水负荷为 0.45，池形为矩形沉淀池$$

15.（1）选表和表头设计

选用正交表 $L_8(2^7)$。参照 $L_8(2^7)$ 两列间的交互作用列表，进行表头设计，见答案表 1-11。

列号	1	2	3	4	5	6	7
表头设计	A	B	$A \times B$	C	空列	空列	D

（2）实验设计方案及实验结果计算，见答案表 1-12。

实验设计方案及实验结果直观分析计算表　　　　　　　答案表 1-12

实验方案　因素　实验号	1	2	3	4	5	6	7	实验结果
	A	B	$A \times B$	C	空列	空列	D	转化率（%）
1	1(80)	1(40)	1	1(17)	1	1	1(不搅拌)	65
2	1	1	1	2(27)	2	2	2(搅拌)	74
3	1	2(60)	2	1	1	2	2	71
4	1	2	2	2	2	1	1	73
5	2(70)	1	1	1	2	1	2	70
6	2	1	1	2	1	2	1	73
7	2	2	2	1	1	1	1	62
8	2	2	1	2	1	1	2	67
K_1	283	282	268	268	276	275	273	转化率（%）
K_2	272	273	287	287	279	280	282	总和＝555
$\overline{K}_1$	70.75	70.5	67	67	69	68.75	68.25	
$\overline{K}_2$	68	68.25	71.75	71.75	69.75	70	70.5	
极差 R	2.75	2.25	4.75	4.75	0.75	1.25	2.25	

（3）分析实验结果，确定主要因素，选出好的水平组合

因素 C 与交互作用 $A \times B$ 的极差 R 最大，故为主要因素。从极差 R 可以看出，交互作用 $A \times B$ 比因素 A，B 对实验结果的影响更大，所以确定因素 A 和 B 优的水平，应该按因素 A，B 各水平搭配对实验结果的影响来确定。列出因素水平搭配效果表，见答案表 1-13。

因素水平搭配效果表　　　　　　　　　　　　答案表 1-13

A　B	A_1	A_2
B_1	$\dfrac{65+74}{2}=69.5$	$\dfrac{70+73}{2}=71.5$
B_2	$\dfrac{71+73}{2}=72$	$\dfrac{62+67}{2}=64.5$

转化率越大越好，比较答案表 1-13 中的四个值，72 最大，故取 $A_1 B_2$ 好；因素 C 取 C_2 好，因素 D 取 D_2 好，因此得到各因素优的水平组合，确定出优实验方案为：$A_1 B_2 C_2 D_2$，即：反应温度为 80℃，反应时间为 60min，药剂浓度为 27%，操作方法为搅拌。

在考虑交互作用的情况下，确定出优实验方案为 $A_1 B_2 C_2 D_2$，它在所做的实验中没有做过，需要通过验证实验来确定。

第 2 章　习题参考答案与提示

1. 依题意，称量的最大绝对误差 Δ 为 0.2g，所以最大相对误差为：

$$\delta = \frac{\Delta}{|x|} = \frac{0.2}{65.3} = 0.3\%$$

2. D 正确。最大相对误差是：

$$\delta = \frac{\Delta}{|x|} = \frac{0.02}{20.00} = 0.1\%$$

3. 平均值 $\overline{x}_甲 = 3.0$，平均误差 $\overline{d}_甲 = 0.08$，标准误差 $\sigma_甲 \approx S_甲 = 0.10$；

$$\overline{x}_乙 = 3.0, \qquad \overline{d}_乙 = 0.08, \qquad \sigma_乙 \approx S_乙 = 0.14。$$

两组数据的平均误差是一样的，但两组数据的离散程度不一样，乙组数据更分散。由于 $\sigma_甲 < \sigma_乙$，说明乙组的标准误差大一些，即精密度差一些。

4. C 正确。准确度较差，但精密度较好。

5. 根据有效数字的修约规则，对以下数据均保留 4 位有效数字，修约结果为：

$1.52841 \rightarrow 1.528$；　　　$24.1267 \rightarrow 24.13$；　　　$582.0517 \rightarrow 582.1$；

$1581.508 \rightarrow 1582$；　　　$1580.50 \rightarrow 1580$；　　　$28.175 \rightarrow 28.18$。

6. （1）$732.1 + 11.26 + 328.05 + 1.45 \approx 1072.9$；

（2）1.3048×236，首先修约为 1.305×236，其计算结果为 307.98，最后取结果为 308；

（3）$245 \div 12 = 20.4166 \approx 20$；

（4）0.329；

（5）1.7×10^{-5}。

7. （1）分析某天得到的数据中有无异常值（见第 2 章表 2-45）

1）用格拉布斯检验法，分析某天得到的数据中有无异常值，解题过程见答案表 2-1。

用格拉布斯检验法，分析某天得到的数据中有无异常值，解题过程表　　　　　答案表 2-1

类别 / 数据来源	平均值 $\overline{x}$	标准差 S	偏差最大的数	偏差 $|d_s|$	临界值 $G_{(a,n)}$	$G_{(a,n)}S$	$|d_s|$ 与 $G_{(a,n)}S$ 的比较	结论
进水流量 $Q(\mathrm{m^3/h})$	0.32	0.009	0.34	0.02	$G_{(0.05,12)} = 2.285$	0.021	$0.02 < 0.021$	无异常值
污泥浓度 $X_v(\mathrm{mg/L})$	2978.7	150.9	2765	213.7	$G_{(0.05,6)} = 1.822$	274.9	$213.7 < 274.9$	无异常值
进水水质 $S_0(\mathrm{mg/L})$	594.2	38.3	525	69.2	$G_{(0.05,6)} = 1.822$	69.8	$69.2 < 69.8$	无异常值
出水水质 $S_e(\mathrm{mg/L})$	13	2.2	16 / 10	3	$G_{(0.05,6)} = 1.822$	4.0	$3 < 4.0$	无异常值

2）用拉依达检验法，分析某天得到的数据中有无异常值，解题过程见答案表 2-2。

用拉依达检验法，分析某天得到的数据中有无异常值，解题过程表　　　答案表 2-2

类别 / 数据来源	平均值 $\overline{x}$	标准差 S	偏差最大的数	偏差 $|d_s|$	$3S$	$|d_s|$ 与 $3S$ 的比较	结论
进水流量 $Q(\mathrm{m^3/h})$	0.32	0.009	0.34	0.02	0.027	$0.02 < 0.027$	无异常值

类别 数据 来源	平均值 $\bar{x}$	标准差 S	偏差最大 的数	偏差 $|d_s|$	$3S$	$|d_s|$ 与 $3S$ 的比较	结论
污泥浓度 X_v(mg/L)	2978.7	150.9	2765	213.7	452.7	213.7＜452.7	无异常值
进水水质 S_0(mg/L)	594.2	38.3	525	69.2	114.9	69.2＜114.9	无异常值
出水水质 S_e(mg/L)	13	2.2	16 10	3	6.6	3＜6.6	无异常值

（2）分析连续 10 天得到的均值中有无异常值（见第 2 章表 2-46）

1）用肖维勒检验法，分析连续 10 天得到的均值中有无异常值，解题过程见答案表 2-3。

用肖维勒检验法，分析得到的均值中有无异常值，解题过程表　　　答案表 2-3

类别 数据 来源	平均值 $\bar{x}$	标准差 S	偏差最大 的数	偏差 $|d_s|$	临界值 Z_c	$Z_c S$	$|d_s|$ 与 $Z_c S$ 的比较	结论
进水流量 Q(m³/h)	0.32	0.02	0.29	0.03	1.96	0.039	0.03＜0.039	无异常值
污泥浓度 X_v(mg/L)	2990	291.8	3506	516	1.96	571.9	516＜571.9	无异常值
进水水质 S_0(mg/L)	600.5	24.7	640	39.5	1.96	48.4	39.5＜48.4	无异常值
出水水质 S_e(mg/L)	17.2	2.8	13	4.2	1.96	5.5	4.2＜5.5	无异常值

2）用狄克逊检验法，分析连续 10 天得到的均值中有无异常值

对第 2 章表 2-46 中得到的均值按从小到大的顺序排列，见答案表 2-4。

均值按从小到大的顺序排列表　　　答案表 2-4

进水流量 Q(m³/h)	0.29	0.30	0.31	0.32	0.32	0.33	0.33	0.33	0.33	0.34
污泥浓度 X_v(mg/L)	2639	2672	2748	2765	2960	2979	3108	3215	3308	3506
进水水质 S_0(mg/L)	565	570	582	590	594	604	615	618	627	640
出水水质 S_e(mg/L)	13	14	15	16	17	17	18	20	21	21

用狄克逊检验法，分析答案表 2-4 中得到的均值，有无异常值，解题过程见答案表 2-5。

用狄克逊检验法，分析得到的均值中有无异常值，解题过程表　　　答案表 2-5

类别 数据 来源	偏差最 大的数	计算统计量 D	临界值 $D_{(\alpha,n)}$	D 与 $D_{(\alpha,n)}$ 的比较	结论
进水流量 Q(m³/h)	$x_1=0.29$	$D=\dfrac{x_2-x_1}{x_{n-1}-x_1}=\dfrac{0.30-0.29}{0.33-0.29}=0.250$	$D_{(0.05,10)}=0.477$	0.250＜0.477	无异常值

数据来源 \ 类别	偏差最大的数	计算统计量 D	临界值 $D_{(\alpha, n)}$	D 与 $D_{(\alpha, n)}$ 的比较	结论
污泥浓度 X_v(mg/L)	$x_{10} = 3506$	$D = \dfrac{x_n - x_{n-1}}{x_n - x_2} = \dfrac{3506 - 3308}{3506 - 2672} = 0.236$	$D_{(0.05, 10)} = 0.477$	$0.236 < 0.477$	无异常值
进水水质 S_0(mg/L)	$x_{10} = 640$	$D = \dfrac{x_n - x_{n-1}}{x_n - x_2} = \dfrac{640 - 627}{640 - 570} = 0.186$	$D_{(0.05, 10)} = 0.477$	$0.186 < 0.477$	无异常值
出水水质 S_e(mg/L)	$x_1 = 13$	$D = \dfrac{x_2 - x_1}{x_{n-1} - x_1} = \dfrac{14 - 13}{21 - 13} = 0.125$	$D_{(0.05, 10)} = 0.477$	$0.125 < 0.477$	无异常值

8. 本题运算过程中，每步运算都取到小数点后两位数字。本题单因素实验的方差分析表见答案表 2-6。

污水负荷方差分析表及因素显著性检验　　　　　　　　　**答案表 2-6**

方差来源	偏差平方和	自由度	平均偏差平方和	F 值	临界值 $F_{0.01}(2, 18)$	显著性
A（污泥负荷） E（误差）	$S_A = 323.12$ $S_E = 1.63$	2 18	$\overline{S}_A = 161.56$ $\overline{S}_E = 0.09$	1795.11	6.01	**
总和	$S_T = 324.75$	20				

因为 $F_A = 1795.11 > 6.01 = F_{0.01}(2, 18)$，认为污泥负荷 N_s 对出水水质 S_e 有高度显著性影响，记为 "**"。

9. 本题实验结果的直观分析，见第 1 章习题参考答案的第 11 题答案。本题方差分析表见答案表 2-7。

影响转化率的方差分析表及因素显著性检验　　　　　　　　**答案表 2-7**

方差来源	偏差平方和	自由度	平均偏差平方和	F 值	临界值 $F_{0.05}(2, 2)$	显著性
A（反应温度）	728	2	364	8.47	19.00	无显著性
B（加碱量）	98	2	49	1.14	19.00	无显著性
C（加酸量）	326	2	163	3.79	19.00	无显著性
E（误差）	86	2	43			
总和	1238	8				

由于各因素的 F 值都小于临界值 $F_{0.05}(2, 2) = 19.00$，说明实验中 3 个因素对实验结果都没有显著影响。

10. 本题实验结果的直观分析，见第 1 章习题参考答案的第 12 题答案。本题运算过程中，每步运算都取到小数点后 4 位数字。

利用正交实验结果的方差分析法，计算各偏差平方和为：

$$S_A = 0.1129, \quad S_B = 0.0014, \quad S_C = 0.0279, \quad S_E = 0.0443$$

计算各偏差平方和对应的自由度为：

$$f_A = 2, \quad f_B = 2, \quad f_C = 2, \quad f_E = 2$$

计算各平均偏差平方和为：

$$\overline{S}_A=0.0565,\ \overline{S}_B=0.0007,\ \overline{S}_C=0.0140,\ \overline{S}_E=0.0222$$

由于 $\overline{S}_B<\overline{S}_E$，$\overline{S}_C<\overline{S}_E$，说明因素 B、C 对实验结果的影响较小，可以将 S_B，S_C 归入误差平方和 S_E，此时误差的平方和、自由度和平均误差平方和都会随之发生变化，即：

新误差平方和：$S_{E^\Delta}=S_B+S_C+S_E=0.0014+0.0279+0.0443=0.0736$

新误差平方和的自由度：$f_{E^\Delta}=f_B+f_C+f_E=2+2+2=6$

新平均误差平方和：$\overline{S}_{E^\Delta}=\dfrac{S_{E^\Delta}}{f_{E^\Delta}}=\dfrac{0.0736}{6}=0.0123$

本题方差分析表见答案表 2-8。

影响实验结果的方差分析表及因素显著性检验　　　　　　　答案表 2-8

方差来源	偏差平方和	自由度	平均偏差平方和	F 值	临界值 $F_{0.05}(2,6)$	显著性
A（加药体积）	0.1129	2	0.0565	4.5935	5.14	无显著性
B（药量） 误差 E^Δ	0.0014	2				
C（时间） 0.0736	0.0279	2 } 6	0.0123			
误差 E	0.0443	2				
总和	0.1865	8				

因为 $F_A<F_{0.05}$（2，6），故因素 A（加药体积）对实验结果没有显著性影响；其他两个因素，即因素 B（加药量）和因素 C（反应时间）对实验结果更没有显著性影响。

11.（1）重复实验设计方案及实验结果计算表，见答案表 2-9。

重复实验设计方案及实验结果计算表　　　　　　　答案表 2-9

实验方案 因素 实验号	A 混合速度梯度(s^{-1})	B 滤速（m^3/h）	C 混合时间（s）	D 投药量（mg/L）	试验结果（出水浊度） y_{i1}	y_{i2}	合计 $y_i=y_{i1}+y_{i2}$
1	1(400)	1(10)	1(10)	1(9)	0.75	0.76	1.51
2	1	2(8)	2(20)	2(7)	0.80	0.72	1.52
3	1	3(6)	3(30)	3(5)	0.85	0.83	1.68
4	2(500)	1	2	3	0.90	0.91	1.81
5	2	2	3	1	0.45	0.50	0.95
6	2	3	1	2	0.65	0.60	1.25
7	3(600)	1	3	2	0.65	0.67	1.32
8	3	2	1	3	0.85	0.80	1.65
9	3	3	2	1	0.35	0.40	0.75
K_{1j}	4.71	4.64	4.41	3.21			总和 $\sum y_i=12.44$
K_{2j}	4.01	4.12	4.08	4.09			
K_{3j}	3.72	3.68	3.95	5.14			

（2）列出方差分布表

本题为有重复正交实验的方差分析。在实验设计方案表中，无空白列，故第一类误差 $S_{E_1}=0$，则有误差项 $S_E=S_{E_2}$，需要计算第二类误差，$S_{E_2}=0.0087$，第二类误差计算公式，见第 2 章公式（2-163）。第二类误差的自由度 $f_{E_2}=9$，计算公式见第 2 章公式（2-164）。本题方差分析表见答案表 2-10。

影响出水浊度的方差分析表及因素显著性检验　　　　　

方差来源	偏差平方和	自由度	平均偏差平方和	F 值	临界值 $F_{0.01}(2,9)$	显著性
A（混合速度梯度）	0.0864	2	0.0432	43.2	8.02	＊＊
B（滤速）	0.0770	2	0.0385	38.5	8.02	＊＊
C（混合时间）	0.0188	2	0.0094	9.4	8.02	＊＊
D（投药量）	0.3112	2	0.1556	155.6	8.02	＊＊
E（误差）	0.0087	9	0.0010			
总和	0.5021	17				

由于各因素的 F 值都大于临界值 $F_{0.01}(2，9)=8.02$，故各因素都为高度显著性因素，记为"＊＊"。

从答案表 2-10 中 F 值的大小，可以排出因素的主次顺序为：

$$D（投药量）\to A（混合速度梯度）\to B（滤速）\to C（混合时间）$$

12. 本题运算过程中，每步运算都取到小数点后 4 位数字。出水水质 S_e 对污泥负荷 N_s 的一元线性回归方程式为：

$$\hat{S}_e=-1.1579+124.7176N_s$$

相关系数为：

$$r=\frac{L_{xy}}{\sqrt{L_{xx}L_{yy}}}=0.9990$$

根据 $m=1$，$n-m-1=7-1-1=5$，$\alpha=0.01$，查书后附表 6 相关系数临界值表，得 $r_{0.01}(5)=0.874$，因为 $|r|=0.9990>0.874=r_{0.01}(5)$，故建立的线性回归方程关系式是高度显著的。

13. 本题运算过程中，每步运算都取到小数点后 4 位数字。

（1）利用第一组实验数据，建立 y 对 x 的一元线性回归方程为：

$$\hat{y}=18.6668-11.8245x$$

相关系数为：

$$r=\frac{L_{xy}}{\sqrt{L_{xx}L_{yy}}}=-0.7400$$

根据 $m=1$，$n-m-1=11-1-1=9$，$\alpha=0.05$，$\alpha=0.01$，查附表 6 相关系数临界值表，得相关系数临界值 $r_{0.05}(9)=0.602$，$r_{0.01}(9)=0.735$。由于 $|r|>r_{0.05}(9)$，$|r|>r_{0.01}(9)$，故建立的一元线性回归方程是高度显著的。

（2）利用第二组实验数据，建立 y 对 x 的一元线性回归方程为：

$$\hat{y}=11.3035-10.2130x$$

相关系数为：

$$r=\frac{L_{xy}}{\sqrt{L_{xx}L_{yy}}}=-0.8098$$

根据 $m=1$，$n-m-1=13-1-1=11$，$\alpha=0.05$，$\alpha=0.01$，查附表 6 相关系数临界

值表，得相关系数临界值 $r_{0.05}$（11）$=0.553$，$r_{0.01}$（11）$=0.684$。由于 $|r|>r_{0.05}$（11），$|r|>r_{0.01}$（11），故建立的一元线性回归方程是高度显著的。

（3）利用第三组实验数据，建立 y 对 x 的一元线性回归方程为：

$$\hat{y}=9.4096-10.4819x$$

相关系数为：

$$r=\frac{L_{xy}}{\sqrt{L_{xx}L_{yy}}}=-0.7846$$

根据 $m=1$，$n-m-1=7-1-1=5$，$\alpha=0.05$，$\alpha=0.01$，查附表 6 相关系数临界值表，得相关系数临界值 $r_{0.05}$（5）$=0.754$，$r_{0.01}$（5）$=0.874$。由于 $r_{0.05}$（5）$<|r|<r_{0.01}$（5），故建立的一元线性回归方程是一般显著的。

14. 定义残差标准差 $S_{残}$ 的三个式子中，回归值 $\hat{y}_i$ 的表示式不同是它们最大的区别。

在一元线性回归方程的残差标准差式（2-182）中，$\hat{y}_i$ 是一元线性回归值，表示式为：
$$\hat{y}_i=\hat{a}+\hat{b}x_i$$

在一元非线性回归方程的残差标准差式（2-188）中，$\hat{y}_i$ 是一元非线性回归值，表示式为曲线回归方程式，例如：
$$\hat{y}_i=\hat{d}x_i^{\hat{b}}$$

在二元线性回归方程的残差标准差式（2-209）中，$\hat{y}_i$ 是二元线性回归值，表示式为：
$$\hat{y}_i=\hat{b}_0+\hat{b}_1x_{i1}+\hat{b}_2x_{i2}$$

15. 应用均匀实验设计的最大优点是可以节省大量的实验工作量。尤其在实验因素水平较多的情况下，其优势更为明显。例如，一个 4 因素 5 水平的实验，如果使用全面实验设计，要做 $5^4=625$ 次实验；如果使用正交实验设计，用正交表 $L_{25}(5^6)$ 来安排实验，也要做 25 次实验，正交表 $L_{25}(5^6)$ 见书后附表 1 中的（8），五水平表；如果使用均匀实验设计，用均匀设计表 $U_5(5^4)$ 来安排实验，仅需做 5 次实验，均匀设计表 $U_5(5^4)$ 见书后附表 2 中的（1）。对于多水平的多因素实验，特别对于实验费用昂贵的实验，要求尽量少做实验的场合，均匀实验设计是十分有效的实验设计方法。

16. 本题方差分析表，见答案表 2-11。

温度方差分析表及显著性检验　　　　　　　　　　　答案表 2-11

方差来源	偏差平方和	自由度	平均偏差平方和	F 值	临界值 $F_{0.01}(4,10)$	显著性
A（温度）	$S_A=303.6$	4	$\overline{S}_A=75.9$	15.2	5.99	＊＊
E（误差）	$S_E=50.0$	10	$\overline{S}_E=5.0$			
总和	$S_T=353.6$	14				

因为 $F_A=15.2>5.99=F_{0.01}$（4，10），认为温度对某种物质转化率有非常显著的影响，记为"＊＊"。

主要参考文献

[1] 马龙友. 课程考试的编制与评价. 北京：中国轻工业出版社，2009.

[2] 梁晋文，陈林才，何贡. 误差理论与数据处理. 北京：中国计量出版社，2001.

[3] 肖明耀. 实验误差估计与数据处理. 北京：科学出版社，1980.

[4] 方开泰. 均匀设计与均匀设计表. 北京：科学出版社，1994.

[5] 洪伟，吴承祯. 试验设计与分析. 北京：中国林业出版社，2004.

[6] 盛骤，谢式千，潘承毅. 概率论与数理统计. 北京：高等教育出版社，2010.

[7] 耿素云，张立昂. 概率统计. 北京：北京大学出版社，2004.

[8] 华罗庚. 优选学. 北京：科学出版社，1981.

[9] Douglas C. Montgomery. Design and Analysis of Experiments，6th Edition. 北京：人民邮电出版社，2009.

[10] Simonoff Js. Smoothing Methods in Statistics. New York：Springer-Verlag，1996.

[11] 陈魁. 试验设计与分析（第2版）. 北京：清华大学出版社，2006.

[12] 中国科学院数学研究所统计组. 常用数理统计方法. 北京：科学出版社，1979.

[13] 栾军. 现代试验设计优化方法. 上海：上海交通大学出版社，1995.

[14] 漆德瑶，肖明耀，吴芯芯. 理化分析数据处理手册. 北京：中国计量出版社，1990.

[15] 袁卫，庞皓，曾五一. 统计学. 北京：高等教育出版社，2001.

[16] 庄楚强，吴亚森. 应用数理统计基础. 广州：华南理工大学出版社，1992.

[17] 华罗庚，王元. 数学模型选谈. 长沙：湖南教育出版社，1991.

[18] 邓勃. 数理统计方法在分析测试中的应用. 北京：化学工业出版社，1984.

[19] 邓勃. 分析测试数据的统计处理方法. 北京：清华大学出版社，1995.

[20] 孙培勤，刘大壮. 实验设计数据处理与计算机模拟. 郑州：河南科学技术出版社，2001.